野の花ガイド

路傍300

大工園　認

南方新社

はじめに

めざせ 路傍の達人・豆博士！

　本書は平成26年1月1日〜同27年12月31日までの2年間、「かごしま路傍三百」、「続・かごしま路傍三百」のタイトルで南日本新聞に連載したコラムを再編集して著したものです。通算710回の連載でしたが、その中から364種を選定、写真の見直しや原稿等の加除修正を行い、本書の規格に合うよう再編集しています。

　さて、「路傍300」とはどのような意味なのでしょう。路傍にはおよそ300種ほどの植物が生えているのでそれを覚えよう、逆に、300種ほどの植物を覚えれば路傍の植物はほとんど見分けがつくものだ、というような意味で昔の学校で使われてきた言葉だと聞いたことがあります。

　つまり、「路傍300」とは、特定の植物300種を指すものではなく、おおよその枠を示したものと考えられます。南北に長い日本列島、それぞれの地方に、その土地の四季を彩る路傍の植物が300種程度ずつある、というようなことを意味します。

　本書は鹿児島で見られる身近な路傍の植物を中心に、海岸や霧島山など人里を離れた所で見かける植物もとりまぜて364種掲載しました。言及種を加えれば400種近くになろう

かと思います。
　内容は4部構成とし、1-草本類223種、2-つる植物（つる状に見える植物を含む）67種、3-木本類58種、4-シダ類16種の順に掲載してあります。
　頁をめくると、至る所に見覚えのある草花や木々が懐かしい顔を連ねます。しかし、植物の顔は知っていたけど、名前は知らなかったという人が多いのではないでしょうか。「脳活」をかねて今から挑戦してみませんか、というのが本書のねらいです。
　そこで「路傍300」のテーブルに用意したのが364種と少し多めのメニュー、この中から、ご自由に300種どうぞという趣向です。例えて言えばバイキング料理方式のメニューです。期限なし、指定や制限、義務もなしですが、一日一種、日めくり感覚でチャレンジしてみたらどうでしょう。大人の方には「路傍の街中名人」を、ちびっ子達には「路傍の豆博士」を目指して欲しいと思っています。
　さて、私は昔から「足下が宇宙」という言葉を信条の一つとしています。足下にこそ未知の世界、知らないことがいっぱい転がっている、遠くよりまず自分の足下から、というような意味です。足下を侮る事なかれとの自らへの戒めも込めています。未知への挑戦は足下から、といえばやや大げさですが「路傍300」にも当てはまりそうな感じがしています。
　唐突ですが、いじめや虐待などの事件が後を絶ちません。遠因に幼少期からの親子のスキンシップ不足を指摘する声があります。また、急激な情報化社会の進展ぶりとは裏腹に、

子どもたちの「自然体験」＝「自然とのスキンシップ」が乏しくなったことも懸念されています。

　身近な草花や木々に目を向けたり、手にとって匂いをかいだり、しばし観察したりすることなど、私たちが思う以上に子どもたちの成長には大切なことかもしれません。小さな子どもたちが、楽しく草花に親しめればとの思いから、恥をしのんで歌詞を書き、巻末に掲載しました。

　本書がかねてのウオーキングやトレッキング、あるいは親子植物採集会等の折に皆様のお伴としてお役に立てれば大変嬉しく思います。

　本書掲載の植物は鹿児島県で見られるものばかりですが、その大半は九州各県はもとより、四国や本州にも自生し、かなりの種類が北海道にも分布しています。

　「目指せ、路傍の達人・豆博士！」。どうぞ「路傍300」への挑戦を楽しんでください。きっと人生を豊かに彩ってくれるものと信じています。

　さて、「路傍300」への関心を高めてくれたのは、何と言ってもコラムを連載してくれた南日本新聞社さんのおかげです。この２年間、同社の井上喜三郎文化部長さんには毎日欠かさず細かな神経を使っていただきました。

　それが、こうして携帯に便利なポケット版として世に出る運びとなったのは、ひとえに南方新社社長の向原祥隆さんはじめ、スタッフの梅北優香さんや装丁担当の鈴木巳貴さん、岩井奈津美さんのお力に依るものです。

東京在住の鷹野正次氏にはニシキソウ（P.138）の写真を提供していただきました。
　幼少期にこそ草花に親しむ体験が大切だというかねての思いから、拙い歌詞を書きましたが、発刊直前、幼稚園等で歌えるようにと同僚（鹿児島情報高校教諭）の島村陽一氏がすばらしい曲をつけてくれました。
　本書記載の学名は、米倉浩司・梶田忠（2003-）「BG Plants 和名－学名インデックス」（YList）, http://bean.bio.chiba-u.jp/bgplants/ylist_main.htmlに依り、分布等の記載は各種ブログや九州植物目録（初島住彦　2004：鹿児島大学総合研究博物館）、琉球植物目録（初島住彦・天野鉄夫　1997：でいご出版社）を参考とさせていただきました。
　また、新聞連載中はたくさんの方々から温かい投稿やご声援、励ましのお便り、お電話等を頂きました。皆様に心からお礼を申し上げます。ありがとうございました。

2016年3月吉日　著者

◆近年、ＤＮＡ分析の研究が進展し、植物の仲間分け（類縁関係）についても従来の分類が大きく見直され、遺伝子レベルの根拠に基づく「ＡＰＧ体系」という新しい基準が1998、2003、2009年と３次にわたる提案がなされ、世界的にその体系へと移行しつつあります。本書も新しいＡＰＧ体系に基づき記載、従来の科名から変更されたものについては、赤色で表示してあります。蛇足ですが、和名は従来のままで通用します。

目 次

はじめに　2

■ 草本（そうほん） ……身近な雑草や草花　8

■ つる植物 …… 茎が他に絡まって伸びる　216
　　　　　　　　茎が長くつる状に見える

■ 木本（もくほん） ……身近な木々　268

■ シダ類 ……ぜひ覚えたい身近なシダ　312

付録
・春の七草　322
・秋の七草　324
・一両〜万両　326
・「お花はともだち」（楽譜・歌詞）　328
・植物採集と標本の作り方　330

和名索引　328

野の花ガイド

路傍300

ホトケノザ（仏の座） しそ科

Lamium amplexicaule L.

■花期：11〜6月頃　■分布：本州〜九州

　寒の最中にも花が咲き、早春の花の定番品だが、暖地では一年中花が見られる。上部の丸い葉は無柄で茎を巻き、腋から鮮やかな紅紫色の花。その丸い葉を仏様の台座に見立てた。下には先端が真っ赤で、大きく膨らんだつぼみと、先端は赤いがやや小振りで筒部が白っぽい閉鎖花が見える。閉鎖花は開かずに中で種子をつくり、種子はアリによって運搬、散布される。

草本

キランソウ（金瘡小草） しそ科
Ajuga decumbens Thunb.

■花期：3〜6月頃　■分布：本州〜九州

　春探しの散策でまず目につくのがこの花。春の花のトップ集団のメンバーである。シソ科の多年草で、全体に粗い毛が目立ち、茎を四方に広げて葉が茂る。その様を「**地獄の釜の蓋**」と、なんとも大仰に形容した別名もある。「唇形花」という、口を開いて歌っているような形の花で、下唇部には白い筋模様がある。通常シソ科の茎は四角形なのに、本種の茎は丸いのも見逃せない特徴といえよう。

調べてみよう　ヒメキランソウ　モモイロキランソウ

ハコベ（繁縷）　なでしこ科

Stellaria media (L.) Vill.

■花期：1～10月頃　■分布：日本全土

　ハコベ（別名**コハコベ**）は全体軟弱な小形の越年草で畑や花壇に至る所に多い。茎が紫色を帯びて全体に小形。**ミドリハコベ**（次頁）も同様に多く、茎や葉が濃い緑色をしている。**ウシハコベ**（次頁）は葉など全体が大きく、本種のみ雌しべ柱頭が5裂し、他は3裂する。いずれも花弁は5枚だが2深裂し、10枚に見える。また、茎に走る一筋の溝に白毛が密生するのも共通の特徴。

草本

ミドリハコベ（緑繁縷）　なでしこ科
Stellaria neglecta Weihe
■花期：1〜10月頃　■分布：日本全土

ウシハコベ（牛繁縷）　なでしこ科
Stellaria aquatica (L.) Scop.
■花期：1〜10月頃　■分布：日本全土

草本

茎

セリ（芹） せり科

Oenanthe javanica (Blume) DC.

■花期：7、8月頃 ■分布：日本全土

　七草の香りの王様はセリ。「セリ ナズナ ゴギョウ（＝ハハコグサ） ハコベラ（＝ハコベ） ホトケノザ（＝コオニタビラコ） スズナ（＝カブ） スズシロ（＝ダイコン）これぞ七草」と詠まれている。因みに春の七草は味や香りを愛でながら正月で食べ過ぎたおなかをいたわり、秋の七草は移りゆく秋の風情を愛でている。草丈15〜30㎝、葉は複葉で茎は中空。休耕田等の湿地に競り合うように群生して「セリ」。

ナズナ（薺）　あぶらな科

Capsella bursa-pastoris (L.) Medik.

■花期：2～6月頃　■分布：日本全土

実が三角形。三味線のバチに似ることから別名**ペンペングサ**。

マメグンバイナズナ（豆軍配薺）　あぶらな科

Lepidium virginicum L.

■花期：5、6月頃　■分布：日本全土

実は径3、4㎜と小さく、扁平で丸い。小さなうちわのよう。

葉

オランダミミナグサ（阿蘭陀耳菜草）　なでしこ科

Cerastium glomeratum Thuill.

■花期：4、5月頃　■分布：本州〜九州

　オランダミミナグサは欧州原産で世界中に帰化、畑に生える雑草で、楕円形の葉の形が特徴的。ネズミの耳を連想させることから「耳菜草」。花弁先端は2裂、茎は2叉分岐、開花時間は短い。**オオイヌノフグリ**（次頁）も欧州原産で路傍の草むら等にごく普通。全開の瑠璃色の花は、じゃれつく子犬の目の輝き。が、付いた名前は「犬の睾丸」！！　何ともはやだが実の形からついた名前。長い花柄も特徴。

調べてみよう　ミミナグサ

草本

実

オオイヌノフグリ（大犬陰丸）　**おおばこ科**

Veronica persica Poir.

花期：11〜6月頃　　分布：日本全土

調べてみよう　タチイヌノフグリ

15

草本

ウリクサ（瓜草） あぜな科

Lindernia crustacea (L.) F.Muell.

■花期：7～10月頃　■分布：日本全土

　ウリクサは畑や花壇にごく普通な一年草。茎や葉脈がよく赤紫色を帯び、茎は四角形で基部でまばらに分枝、地を這って広がる。葉は卵形で縁にはやや粗い鋸歯。**トキワハゼ**（次頁）も庭や畑に常連の小さな雑草。種子が弾け飛ぶので「爆ぜ」。茎は地を這わずに株立ちする。**サギゴケ**（次頁）はやや湿った草地に生える多年草で白色と紫色がある。前種よりはるかに少ないが、花は大きく鮮やか。

トキワハゼ（常盤爆）　はえどくそう科
Mazus pumilus (Burm.f.) Steenis
■花期：3〜11月頃　■分布：日本全土

サギゴケ（鷺苔）　はえどくそう科
Mazus miquelii Makino
■花期：4、5月頃　■分布：本州〜九州

草本

葉柄

スミレ（菫） **すみれ科**

Viola mandshurica W.Becker

■花期：2～4月頃　■分布：日本全土

　スミレはいかにも日本的な花で、日本の固有種かと思いがちだがそうではなく、朝鮮半島や中国、はるか遠くウスリーにまで分布するという。春到来の3月～5月にかけてが盛りで花は濃い紫色。草地や畑の土手、市街地の道路端など至る所に生える。葉は両サイドが平行なヘラ形で、葉柄に翼があり、側弁基部は有毛、根は褐色で雌しべ柱頭はカマキリの頭のような形になっている、等が特徴。

ノジスミレ（野路菫） すみれ科
Viola yedoensis Makino
花期：3〜4月頃　分布：日本全土

　ノジスミレも全国に分布する。葉が長三角形で葉柄に白毛が目立ち、葉の基部両端が巻き込まれるようにめくれ上がるのが特徴。葉柄上半部にはごく狭い翼があり、側弁内部は無毛、花の後ろに突き出た距は紫色で細長い。**ケナシノジスミレ**も鹿児島には多く、種子島にも産する。ノジスミレの無毛形の品種で、葉柄などにほとんど毛がないのが特徴。夏は盛んに閉鎖花をつけ種子をつくる。

閉鎖花

コスミレ（小菫） すみれ科

Viola japonica Langsd. ex DC.

■花期：3〜4月頃　■分布：日本全土

　山地より人里に多い「スミレ」。スミレの種子にはアリの好むエライオソームという白い物質が付いている。アリはこれがねらいで種子ごと運搬、途中で種子は落ちたりするため、住宅街の路地の隅等によく列をなして生えている。葉柄に翼はなく、葉は丸みのある長三角形で基部は深いハート形。葉はかすかに白っぽく、距は無毛。夏〜秋、閉鎖花を次々につけ種子散布を図る。

草本

ツクシスミレ（築紫菫） すみれ科
Viola diffusa Ging.

■花期：3〜5月頃　■分布：九州〜沖縄

　植物名には「ツクシ（築紫）」と付くのが多いが、文字通り九州に産するという意味。本種も九州と沖縄に分布する小形のスミレで、やや湿った崖地や草地等に生え、葉は特徴的なさじ形、横に這って伸びる茎を出し、葉や花茎の付け根には毛が多い。鹿児島市の城山登山道脇でもよく見られる。花は実に生き生きした表情、距は短く花を横から見ると今流行の「薄型」タイプ。

たく葉

タチツボスミレ（立坪菫） すみれ科

Viola grypoceras A.Gray var. grypoceras

■花期：3、4月頃　■分布：日本全土

　日本に産する「スミレ」の中で最も普通なのが本種。早春、林縁や山地の土手等で空色の花を咲かせる。葉はハート形で基部は深く凹む。葉柄付け根にある櫛の歯状に切れ込んだたく葉（＝写真右上）が見分ける大事な特徴となる。側弁は無毛で花柱は棒状、等も判別のポイント。庭先（＝古語で坪）等に生える菫の意味。ちなみに「スミレ」の名は、花の形を大工さんが用いる「墨壺」に見立てたもの。

調べてみよう　ツボスミレ　コタチツボスミレ

草本

種子

オオバコ（大葉子）　おおばこ科

Plantago asiatica L.

■花期：4〜9月頃　■分布：日本全土

　花は雌しべが先に出て下から上へ咲き上がり、頃合いを見計らうように雄しべが後を追って伸びながら花粉を放出。まず自家受粉を回避し、ダメなら自家受粉で対応しようという二段構えの戦法。実はカプセル状で、熟すと蓋が取れて中から黒い種子。種子は濡れるとべとつき、靴や動物の足、車のタイヤ等に付着して散布される。葉柄も折れにくい繊維構造で、踏まれてこそ生きる瀬ありのしたたかさ。

23

草本

オニタビラコ（鬼田平子）　きく科

Youngia japonica (L.) DC.

■花期：暖地では通年　■分布：日本全土

　オニタビラコは人家の周りや石垣、山野等に生える高さ20〜80㎝ほどの越年草。茎は太くて紫色を帯び、途中ほとんど枝分かれせずにまっすぐ立つ。全体に毛深い。**アオオニタビラコ**（次頁）は、市街地に多い傾向。軸が緑色で細く、枝分かれが多い。**コオニタビラコ**（次頁）は春の七草でホトケノザと詠まれているもの。全体小形で高さ10㎝前後、葉が地を覆うように広がる。春耕前の水田に多い。

草本

アオオニタビラコ （青鬼田平子） きく科
Youngia japonica (L.) DC. subsp. japonica
■花期：暖地では通年　■分布：日本全土

コオニタビラコ （小鬼田平子） きく科
Lapsanastrum apogonoides (Maxim.) J.H.Pak et K.Bremer
■花期：3〜5月頃　■分布：本州〜九州

苞

シロバナタンポポ（白花蒲公英） きく科

Taraxacum albidum Dahlst.

■花期・3～5月頃　■分布・関東～九州

　シロバナタンポポは日本の在来種で花期は春限定、鹿児島県で白い花のタンポポは本種だけ、間違う心配はない。筒状花はなく全体が舌状花のみ。苞の先端が膨らんで角張る特徴がある（＝写真左上）。**セイヨウタンポポ**（次頁）は春の使者として親しまれるが、繁殖力が強く要注意外来生物ワースト100にランクされている。花を包んで支える苞の先端が反り返るのが特徴。種子の赤い**アカミタンポポ**もよくある

草本

セイヨウタンポポ（西洋蒲公英） きく科

Taraxacum officinale Weber ex F.H.Wigg.

■花期：4・10月頃　■分布：日本全土

茎は中空

ハルジオン（春紫苑） きく科

Erigeron philadelphicus L.

■花期：3～5月頃　■分布：日本全土

　春先から初夏にかけ、道ばたや畑の土手等を白い花で彩るのが本種や次ページ掲載のヒメジョオン。本種は北米原産の帰化植物で、大正期に観賞用で移入、全国に広まったもの。現在では侵略的外来生物のワースト100にランク。茎断面は中空、つぼみは折れ曲がるように下向きに垂れる。また、舌状花は細くて密に詰まり、よくピンクを帯びる。花期に根生葉が残っているのも次種との区別点。

草本

茎断面

ヒメジョオン（姫女苑） きく科
Erigeron annuus (L.) Pers.

■花期：5～9月頃　■分布：日本全土

　北米原産の帰化植物。江戸時代末期の渡来で、明治の初め頃には雑草化していたという。夏、道路端や土手等を白い花で埋め尽くす。ハルジオンによく似るが、花期がやや遅く、茎の中には白い髄が詰まっているので確かめる手がかりとなる。また、ハルジオンより概して背が高く、花期に根生葉はない。本種も要注意外来生物に指定され、前種同様ワースト100に入っている。

葉脈

ヒメムカシヨモギ（姫昔蓬）　きく科

Erigeron canadensis L.

■花期：7〜10月頃　　■分布：日本全土

　ヒメムカシヨモギは明治維新の頃から知られ、「鉄道草」とも呼ばれていた。茎や葉の縁等に白色の長毛、全体に緑が濃くて茎は細め、茎の上部が多数分枝する。白い花弁と裏面葉脈は明瞭。**オオアレチノキク**（次頁）は昭和初期の帰化植物。高さ1.5m前後で荒れ地等にごく普通。全体に短毛が密生し、葉や茎は白っぽくて灰緑色。花びら（舌状花）はほぞほそした細い糸状となって、地味で不明瞭。

草本

若株　花　葉裏

オオアレチノギク（大荒地野菊）　きく科

Erigeron sumatrensis Retz.

■花期：7～10月頃　■分布：本州以南

調べてみよう　アレチノギク

ノゲシ（野芥子）　きく科

Sonchus oleraceus L.

■花期：ほぼ通年　■分布：日本全土

　ノゲシ（別名**ハルノノゲシ**）は道ばたや空き地等至る所に生え、高さ1mほどになるヨーロッパ原産のかなり古い史前帰化植物。ほぼ通年開花し、茎や葉を折ると白い乳液が出る。葉の縁のトゲは痛くはなく、葉の基部は左右に分かれ、茎の後ろへ尾端が伸びる。茎は柔らかくて中空。ウサギやヤギが好んで食べる。**オニノゲシ**（次頁）は本種とよく似るが、トゲが硬くて触ると痛い。葉の強い光沢も本種の特徴。

草本

オニノゲシ（鬼野芥子）　**きく科**

Sonchus asper (L.) Hill

■花期：4〜10月頃　■分布：日本全土

フキ（蕗） きく科

Petasites japonicus (Siebold et Zucc.) Maxim.

■花期：2～4月頃　■分布：本州～九州

　山地のやや湿った斜面等によく群生する。早春、葉に先立って地下の茎から花茎が伸び、ぽっこりとした丸いつぼみが顔を出す。これがフキノトウで雌雄異株。雌花には細い糸状の雌しべがびっしり、雄花は花粉がらみで黄色っぽいが、鹿児島では、花粉が無くて白っぽい色のタイプが多い。ツワブキ同様の山菜だがこちらはよく佃煮等にされる。念のため、食べるのは茎ではなく葉柄。茎は地下にある。

草本

カモガヤ（鴨茅） いね科

Dactylis glomerata L.

■花期：5、6月頃　■分布：日本全土

　明治初期にアメリカから牧草として移入、今では造成地等に広範に野生化している。5、6月頃、太めの花穂はびっしりと花粉を蓄え、重そうに垂れる。いね科花粉症の原因植物として知られるが、花粉の飛散距離は数十mと短いらしい。スギ花粉のあとに本種が続き、花粉症に悩む方にはうっとおしい時期となる。英名はCock's foot grassだがcock（雄鶏）をduck（鴨）と間違えて訳したのが名の由来とか。

草本

スズメノカタビラ（雀の帷子）　いね科

Poa annua L.

■花期：4〜10月頃　■分布：日本全土

　スズメノカタビラは人家の庭先等にごく普通な高さ10㎝前後の一年草で最も身近な雑草の一つ。葉は濃緑色でやや肉厚感があり、断面はＶ字形。**ニワホコリ**も同様の雑草。庭先で小さな穂が出そろっている様を、埃が立っているように見えるとしてついた名前。**コスズメカヤ**は舗装道路の脇等に生え、花穂が白っぽいのが特徴。節付近の分泌腺から粘液が出て触ると油臭い。

草本

ニワホコリ（庭埃）　いね科
Eragrostis multicaulis Steud.
■花期：8〜10月頃　■分布：日本全土

コスズメガヤ（小雀茅）　いね科
Eragrostis minor Host
■花期：8〜9月頃　■分布：本州以南

調べてみよう　カゼクサ

草本

ソクシンラン（束心蘭）　きんこうか科

Aletris spicata (Thunb.) Franch.

■花期：4〜6月頃　■分布：関東地方〜九州

　ソクシンランは関東以南に分布。低山地の林道脇や農道脇の土手等によく生える多年草で、花茎の高さは4、50㎝。春先、細くてやや硬い線形の葉の束の中心から花茎が伸び出すことから「束心蘭」。花茎や葉や花には短毛が密生し、白い壺状の小花は先が6裂、僅かにピンクを帯びる。通学路やウオーキングコース脇の土手等でも容易に見つかるので探索に挑戦を。

草本

コメツブツメクサ（米粒詰草）　まめ科

Trifolium dubium Sibth.

■花期：5〜7月頃　■分布：日本全土

　ヨーロッパ原産の帰化植物で、別名**キバナツメクサ**。至る所の芝生や公園、路側帯等に密に群生しこんもりと茂る。直径7、8mmの小さな球状の集合花が一面を覆い全体黄色っぽく見える。花の作りや、受粉後には小花が垂れるところなどシロツメクサによく似る。葉の先端はヤハズソウのように凹むのが特徴。類似種に**コメツブウマゴヤシ**があるが、こちらは葉の先端部が凸頭〜微凹頭なので区別がつく。

草本

マツバゼリ（松葉芹） せり科

Cyclospermum leptophyllum (Pers.) Sprague ex Britton et P.Wilson

■花期：5〜7月頃　■分布：関東以西

　熱帯アメリカ原産の一年草で、道路端や植え込みの中などによく生える。高さは2、30cmが普通で、全体無毛。茎も葉も細く、なよなよとして一見して軟弱感がある。葉柄基部は鞘状の包幕となり茎を包み、ノダケなどと同様のせり科らしい特徴が出ている。花は傘状で白い小花をややまばらにつけ、細かく羽状に深く裂けた葉が互生する。葉をもむとかすかにセロリのような匂い。家畜には有毒とされる。

オオアラセイトウ（大紫羅欄花） あぶらな科
Orychophragmus violaceus (L.) O.E.Schulz

■花期：3～5月頃　■分布：各地で野生化

　江戸時代、観賞用に中国から移入した越年草で、高さ50～80cmほど。全国至る所の路傍ややぶ陰、人里周辺等に野生化している。花が美しいため人家周辺でも生えるに任せているようである。居場所を得た感じで周囲との違和感は感じない。名の由来は不明だが、別名の**ショカツサイ**は、諸葛孔明が軍隊の食糧補給用に広めたとの伝説に由来。この外、**ムラサキハナナ**の別名もある。

草本

イヌガラシ（犬辛子） あぶらな科

Rorippa indica (L.) Hiern

■花期：4〜6月頃　■分布：日本全土

　水田の畦や休耕田等の湿った場所に生える高さ20〜50cmほどの越年草。花期は4〜6月頃で、黄色い4弁花をつけるが、暖地ではほぼ通年花をつけていたりする。葉は長楕円形で縁はやや浅く裂けてギザギザがある。茎は暗緑色で赤味を帯びる。実は細長くて全体が緩やかにカーブして弓状に曲がり、中に粒状の種子。名前の「イヌ」は「偽物」を意味し、「食用にならないカラシ」の意味となる。

調べてみよう　スカシタゴボウ

花

ミチバタガラシ（道端芥子）　あぶらな科
Rorippa dubia (Pers.) H.Hara

■花期：5〜10月頃　■分布：本州以南

　花が目立たず、至って地味な高さ十数cmほどの多年草。前頁のイヌガラシと最も近い兄弟みたいなものだが、姿形や暮らしている場所に微妙な違いがあり面白い。前種が畦や春耕後の水田等に多いのに対し、本種は意外にも街中の路地の片隅等でよく見かける。花は花弁を欠くため一層目立たないが、いつの間にか果実をつけている。その果実がまっすぐな棒状というのが本種の特徴。

花

種子とトゲ

コセンダングサ（小栴檀草）　きく科

Bidens pilosa L. var. pilosa

■花期：9、10月頃　■分布：関東以西

　コセンダングサは熱帯地方原産の帰化植物で、高さ1m超の大形多年草。明治末期には滋賀県や京都で普通に見られたという。黄色い頭花には、花びらがなく筒状花のみ、わずかに痕跡的な短い花弁が残っている。実はヒッツキムシ、モリの先のような「返し」まである鋭い棘があり衣服によくつく。**アメリカセンダングサ**（次頁）は湿地によく生え、枝や茎は黒紫色、小葉は細長く、白い花弁はない。

調べてみよう　センダングサ

草本

アメリカセンダングサ（亜米利加栴檀草）　きく科

Bidens frondosa L.

■花期：9、10月頃　■分布：全国各地

草本

実とトゲ

シロノセンダングサ（白の栴檀草） きく科

Bidens pilosa L. var. radiata Sch. Bip.

■花期：暖地では通年　■分布：九州南部以南

　熱帯原産で高さ１ｍ前後の帰化植物。白い大きな舌状花が目立ち、夏から秋にかけ県本土〜南西諸島の島々まで至る所の道路端に白い花があふれる。純白の花で**タチアワユキセンダングサ**の美名もあるほとだが、奄美群島など南の島々における近年の増殖ぶりはすさまじく、その強烈な繁殖ぶりから、要注意外来生物に指定、日本の侵略的外来種ワースト100にも選定されている。

草本

マンテマ（まんてま） なでしこ科
Silene gallica L. var. quinquevulnera (L.) W.D.J.Koch

■花期：4、5月頃　■分布：本州〜九州、沖縄

　欧州原産の帰化植物で海岸近くによく生える。普通に見つかるだろうと高をくくっていたら一向に出会う機会がない。シロバナマンテマが激増する中、内心焦りにも似た心地で探し始めたが、本県での産状は普通種どころか逆に希少種とされるほど見つかるのは極まれ。濃赤色の斑紋はルーペ下で息をのむような美しさ、是非探索に挑戦してみて欲しい、として掲載。（撮影地：上甑島）

47

イタリーマンテマ（伊太利まんてま）　なでしこ科

Silene gallica L. var. giraldii (Gussone) S.M.Walters

■花期：4、5月頃　■分布：新潟、東京〜九州

　イタリーマンテマは花色がやや濃く、全体無毛。海岸近くの荒れ地等に生えているが多くはない。マンテマという異国めいた名は、渡来当時の呼称マンテマンの名残らしい。**シロバナマンテマ**（次頁）は4、5月頃、県内各地の道路沿いをピンクや白に染める。ヨーロッパ原産の帰化植物で、葉やがく、茎に長毛と腺毛（分泌液を出す毛）が多く、べとつく。花は紅白の2形あるがいずれもシロバナマンテマ。

シロバナマンテマ（白花まんてま）　なでしこ科
ilene gallica L. var. gallica

■花期：4、5月頃　■分布：本州〜九州

草本

アメリカタカサブロウ（亜米利加高三郎）　きく科

Eclipta alba (L.) Hassk.

■花期：8〜10月頃　■分布：本州以南

　アメリカタカサブロウは戦後の帰化と見られているが近年増加の一途。種子に翼が無く、葉が細長い。乾燥地にも生え、全体華奢な印象で茎は地を這う傾向。**タカサブロウ**（次頁）は水田等に生える一年草。葉は対生し、表面は剛毛がありざらつく。夏から秋にかけ、枝先に白く平べったい花、種子両側には白い翼がある。茎は太めで頑丈な感じ。茎を切ると切り口が黒ずみ、紙に字が書ける。別名**モトタカサブロウ**

草本

花　　実　　種子と翼

タカサブロウ（高三郎）　きく科
Eclipta thermalis Bunge

花期：7～10月頃　　■分布：本州以南

51

カラクサナズナ（唐草薺）　きく科

Lepidium didymum L.

■花期：4、5月頃　■分布：関東以西

　カラクサナズナ（別名**インチンナズナ**）は欧州原産の帰化植物で細かく切れ込んだ葉が地面を覆う。花は地味で目立たないが、果実に2個ずつ寄り添ってつく。葉に異臭があるのが特徴。**メリケントキンソウ**（次頁）は南米原産、がくが鋭いトゲ状で熟すと硬くなり、不用意に踏むと怪我をする。近年、運動場や校庭、公園などの芝生に広がりつつあり、要注意。類似種の**イガトキンソウ**は細いイガがびっしり

花 / 熟した実 / とげ状のがく

メリケントキンソウ（米利堅吐金草） **きく科**

oliva sessilis Ruiz et Pav.

■花期：4、5月頃　■分布：関東以西

調べてみよう　トキンソウ　イガトキンソウ

アカカタバミ

カタバミ（片喰） かたばみ科

Oxalis corniculata L.

■花期：4〜10月頃 ■分布：日本全土

　カタバミは畑や庭など至る所にごく普通な多年草で、地表を這って生い茂る。実はホウセンカと同じように、熟すと勢いよく弾けて種子を飛ばし、繁殖力は強い。葉は家紋の図案にもされる。葉が赤紫色で花の中心部が赤く染まるのを**アカカタバミ**と分けたりする。**オッタチカタバミ**（次頁）は地上茎がまっすぐ立つのが特徴。1965年に見つかり、近年は花壇や植え込みで増加の一途、果実は鋭く角張る。

草本

オッタチカタバミ（おっ立ち片喰）　かたばみ科

Oxalis dillenii Jacq.

■花期：4〜10月頃　■分布：本州〜九州、沖縄

草本

葉裏腺点

ムラサキカタバミ（紫片喰）　かたばみ科

Oxalis debilis Kunth subsp. corymbosa (DC.) Lourteig

■花期：5〜7月頃　■分布：関東以西

　南米原産の多年草で、観賞用として江戸時代末期に移入、それが野生化し広がった。人家周辺に多く、赤紫色の花が目立つ。種子はできず地下のユリの根のような鱗茎で増えるため除草は厄介。鱗茎のかけらでも残ればまた出てくる。葉は3小葉からなる掌状複葉で、裏面縁には橙色の腺点が並ぶ。がく片先端部は黒く、茎は噛むと酸っぱい。学名のオキザリスは酸を意味するギリシャ語に由来。

草本

ノアザミ（野薊） きく科
Cirsium japonicum Fisch. ex DC.

■花期：4〜7月頃　　■分布：本州〜九州

　本州から四国、九州と広く分布、山野や人里近くの草地、田んぼや畑の土手などに多いアザミで、4月〜7月頃までが紅紫色の花の盛り。春から夏にかけて花が咲くアザミは本種だけ、間違う心配はない。花は筒状花の集まりで、外側から内側へ向けて開花していく。開花時は、まず雄しべの花粉が押し出され、その後から雌しべが伸び出て展開する。たまに花の白い**シロバナノアザミ**（＝写真右上）もある。

草本

ザクロソウ（石榴草）　ざくろそう科

Mollugo stricta L.

■花期：7〜10月頃　■分布：本州〜九州、沖縄

草本

クルマバザクロソウ（車葉石榴草）　ざくろそう科

Mollugo verticillata L.

■花期：7〜10月頃　■分布：本州〜九州、沖縄

　ザクロソウ（前頁）は、畑や花壇には必ずと言ってよいほど出てくる高さ10〜20cmほどの一年草。光沢のある葉が目立ち、線香花火のように小さく枝分かれした小枝の先端に、径3mmほどの白い小さな花をつける。下部の葉は柄が無くて輪生状、上部の葉は対生しやや小さい。**クルマバザクロソウ**は葉が車輪状につき、花が葉の腋にまとまってつくのが特徴。江戸時代末期の帰化植物。

イヌタデ（犬蓼） かたばみ科

Oxalis corniculata L.

■花期：4～10月頃　■分布：日本全土

　イヌタデはアカマンマといって昔はままごと遊びの格好の材料とされた。節部に茎を巻く鞘（葉鞘）があり、その縁に更に葉鞘とほぼ等長の毛がある（＝写真左上）のが特徴。**シロバナサクラタデ**（次頁）は地下茎が発達し、休耕田等によく群生。節は少し膨らみ、縁毛の長さは葉鞘筒部の1/2ほど。葉柄は短い。花は両性花で、雌しべが長い長花柱花と、逆に雌しべが短い短花柱花がある。

調べてみよう　オオイヌタデ　ハルタデ

長花柱花

短花柱花

草本

シロバナサクラタデ（白花桜蓼） たで科

Persicaria japonica (Meisn.) Nakai ex Ohki

■花期：8〜11月頃　■分布：日本全土

草本

種子

ツメクサ（爪草） なでしこ科

Sagina japonica (Sw.) Ohwi

■花期：4～7月頃　■分布：日本全土

　ツメクサは庭や畑など、やや湿った地面に張り付くようにして生えるごく小さな一年草。肉厚で緑が濃く、先が曲がって尖る細い棒状の葉を鳥の爪に見立てた。**オオツメクサ**（次頁）は欧州原産の帰化植物。畑　面に広がるなど繁殖力が強く、厄介な雑草。細い葉が輪生し、全体に腺毛がありべとつく。種子表面は平滑。外見そっくりの**ノハラツメクサ**は、種子に白い突起があるのが特徴で判別の決め手となる。

草本

葉と腺毛　　種子　　ノハラツメクサ

オオツメクサ（大爪草）　なでしこ科

pergula arvensis L. var. *arvensis*

■花期：5〜7月頃　■分布：全国的に帰化

ハナウド（花独活） せり科

Heracleum sphondylium L. var. nipponicum (Kitag.) H.Ohba

■花期：5、6月頃　■分布：関東以西〜九州

　山間の道路端等に生える高さ1〜2mの大形の多年草。5、6月じ
にセリ科特有の平べったい傘状の花をつける。花の径は20cmほどと大
きく、この時期車窓からでも白い花が人目を引く。花序は、たくさん
の小枝が傘みたいに広がり、更に各枝先で多数の小枝が広がる2段構
え、その先に小花がつく。その大集団が傘状に見えるもので、外周音
の花弁が特に大きいのが特徴。

ハマウド（浜独活）　せり科

Angelica japonica A.Gray

花期：4～6月頃　　分布：関東以西～沖縄

　高さ2mにもなる大形の多年草で、海岸沿いの道路端や藪等に生える。全体に骨太、葉の強い光沢と相まって、厳しい環境をものともしないような頑丈そのものの外観。花期は春、花は小花が密集して盛り上がった塊のよう。雄しべが先に活性期、それが脱落して雌しべが出現、自家受粉回避の知恵。茎には赤い筋模様がある。因みに本種とよく似たアシタバに筋模様はない。

シラネセンキュウ（白根川芎）　せり科

Angelica polymorpha Maxim.

■花期：9〜11月頃　　■分布：本州〜九州

　山かげのやや暗い林道脇等に生える高さ1〜1.5mほどの大形の多年草。羽状複葉（葉軸の左右に鳥の羽のように小さく切れ込んだ小葉がつく）で、小葉の縁のぎざぎざは粗くて不規則、茎葉は節ごとに少し折れ曲がる。上部では葉柄が大きく膨らんで茎を包み、節も大きな包膜で包まれている。名は日光の白根山に由来。小花の花弁の大きさは、春のハナウドと比べ、どれも一様である。

マムシグサ（蝮草）　さといも科
Arisaema japonicum Blume

花期：4〜6月頃　■分布：関東以西の本州と九州

　頂部の花に見えるのは花を包む仏焔苞（ぶつえんほう）と呼ばれるもので、緑色系と黒紫色系がある。茎はマムシの肌のような薄気味悪いまだら模様だが、これは茎ではなく葉鞘（ようしょう）と呼ばれる葉の基部の部分、本当の茎はその内側にある。仏焔苞の中には棍棒状の付属体、雌雄異株で基部にそれぞれ雄花・雌花があり、性転換をすることでも知られる。実は真っ赤に熟すが猛毒がある。

草本

ハルリンドウ（春竜胆）　りんどう科

Gentiana thunbergii (G.Don) Griseb. var. thunbergii

■花期：3〜5月頃　■分布：本州〜九州

　春の陽気、野にはあふれる光。**ハルリンドウ**は阿蘇や霧島山等のL地草原で楽しめる花。根本に大きな数枚の葉を広げ、枝分かれした数本の茎先端に1個ずつの花。種子は雨滴で飛散、散布される。**ホソハリンドウ**（次頁）は霧島全山には多く葉が細いのが特徴、**フデリンドウ**（次頁）も山野の草地等に生え、葉がやや広くて分厚く、裏面は紫色を帯びる。全体ががっしりと逞しい。いずれも雄性先熟。

草本

雄性期

雌性期

ホソバリンドウ（細葉竜胆）　りんどう科
Gentiana scabra Bunge var. buergeri (Miq.) Maxim. ex Franch. et Sav.
■花期：9〜11月頃　■分布：本州〜九州

雄性期

雌性期

フデリンドウ（筆竜胆）　りんどう科
Gentiana zollingeri Fawc.
■花期：4、5月頃　■分布：北海道〜九州

コミカンソウ（小蜜柑草）　こみかんそう科

Phyllanthus lepidocarpus Siebold et Zucc.

■花期：7〜10月頃　■分布：本州〜沖縄

　庭や畑、花壇の植え込み等で馴染みの雑草。高さは15〜20cmぐらいが普通。葉は「複葉みたい」で、茎は赤みを帯び、茎や葉が折れると白い乳液がにじむ。葉の裏にはびっしりと小さな実、それをミカンに見立ててコミカンソウ。しかし、よく見ると小さな実は葉の中程までしかついていない。基部側が雌花で実がつき、先端側は雄花で実にできない。身近な雑草も観察すると「あれっ」と「へー」がいっぱい

草本

ナガエコミカンソウ（長柄小蜜柑草）　こみかんそう科

Phyllanthus tenellus Roxb.

■花期：ほぼ通年　■分布：関東以西〜沖縄

　熱帯アフリカ原産の一年草で草丈4、50cm。コミカンソウに似るが実に長い柄があり、実が葉にのりかかるようにしてつくのが特徴。2000年頃にナガエコミカンソウの名前を得た比較的最近の帰化植物だが、今では市街地の植え込みや路側帯の中、人家の庭先や植木鉢の中などにくまなく広まっている。気付かぬうちに我が家にも……。家の周りなど直接確かめてみてはいかが。

草本

ネジバナ（捩花）　らん科

Spiranthes sinensis (Pers.) Ames var. amoena (M.Bieb.) H.Hara

■花期：4〜9月頃　■分布：日本全土

　ラン科の花は通常人里離れた深山に多い。ところが例外がこのネジバナ。他と逆に、街中の芝生や河原の土手、学校の校庭など人里やその周辺によく出てくる。人里周辺に住みついているランの仲間は、この他では樹上に着生しているボウランやよく植えられているシランぐらい。花がぐるぐるとらせん形に着くのでネジバナ。巻く方向は左右まちまち。まれにシロバナ（＝写真右下）もある。

草本

ナフランモドキ（咱夫藍擬）　ひがんばな科
ephyranthes carinata Herb.

■花期：6〜9月頃　■分布：全国各地に野生化

　花の直径は6cmほどと大きくあでやかな多年草で、人里周辺の土手などでよく目につく。江戸時代末期に観賞用として移入、それが逸出栽培品が野外で広がり野生化している状態を「逃げだした＝逸出」と表現）して広がったもの。本物のサフランは雌しべを原料としてスパイスや染料に利用される。渡来当初はサフランと誤認、後にモドキ（＝似たもの）を付けて訂正した。

草本

シャガ（射干） あやめ科

Iris japonica Thunb.

■花期：4、5月頃　■分布：本州〜九州

　中国原産でかなり古い時代の帰化植物とされる。三倍体のため種子も球根もできずに地下茎をのばして増えるが、自然林の奥深い山中ではなく、山村の人家付近や古い集落跡の森陰等によく群生している。葉には微光沢があり常緑、花は花弁中央にあるオレンジ色のトサカ状突起と、まわりの青色の斑点模様で全体が華やかだが、短命で翌日にはしぼむ一日花。

ウマノアシガタ（馬の脚形） きんぽうげ科

Ranunculus japonicus Thunb.

■花期：4～6月頃　■分布：北海道～沖縄

　春～初夏、至る所の野辺でノアザミの紫の花と金色のウマノアシガタの花が風に揺れている。葉を馬蹄に見立てた名前で、茎は上部でよく枝を分け、頂部に光沢を帯びた黄色い花を1つずつつける。葉は大きく3裂、葉柄は長い。また、下部の茎や葉柄には長毛があり、葉には寝た毛がある。実は小さくややいびつな卵形。花は金色の光沢があり、単なる黄色とは異なる。別名**キンポウゲ**。

タガラシ（田辛子・田枯らし）　きんぽうげ科

Ranunculus sceleratus L.

■花期：4、5月頃　■分布：北海道〜九州

　タガラシは少なくなったが山間の畦等に生える一年草で、細長い楕円体の実が特徴。**キツネノボタン**（次頁）は水田周辺の畦や溝には生えているが、毎年耕作される水田ではまず見かけない。一年草は耕やされても翌年発芽するが、多年草は成育途中に耕耘機で攪拌されると翌年は生えてこない。花は光沢感のある「金色」、実はコンペイトウ形。茎などに毛が多いのは**ケキツネノボタン**（＝次頁右下）。

草本

実　　　　　ケキツネノボタン

キツネノボタン（狐の牡丹）　きんぽうげ科
Ranunculus silerifolius H.Lév. var. glaber (H.Boissieu) Tamura

■花期：5〜7月頃　■分布：北海道〜九州

キツネノマゴ（狐の孫）　きつねのまご科

Justicia procumbens L. var. procumbens

■花期：8〜10月頃　■分布：本州〜九州

　道ばたの草藪(くさやぶ)等にごく普通な一年草。名の由来は定かでないが、花が穂状に着くのを狐の尾に見立てた等の説がある。花は夏から秋、上下に開く唇のような形をした花で赤紫色が普通、花の白い**シロバナキツネノマゴ**（＝写真右下）も結構多い。近い仲間にハグロソウやスズムシバナがある。また、奄美群島まで行くと葉がやや小形で分厚いキツネノヒマゴとか、茎が地を這うキツネノメマゴなどがある。

オランダガラシ（阿蘭陀芥子） あぶらな科

Nasturtium officinale R.Br.

■花期：4〜6月頃　■分布：日本全土

　クレソン（フランス語）の名前でよく知られているアブラナ科の多年草。明治期に外国人用の野菜として移入、現在では各地に野生化。特有の香気があり、サラダや肉料理等の付け合わせに用いる。葉は奇数羽状複葉、茎はつみ取ってもすぐに発芽発根するほどの繁殖力。奥深い山村の渓流等にもよく群生しているが、水鳥の足に付着したりして運ばれ、広がるのだろうと想像される。

タネツケバナ（種浸け花・種漬け花） あぶらな科

Cardamine scutata Thunb.

■花期：3〜5月頃 ■分布：日本全土

　種モミを水に浸ける頃に花が咲くのが名の由来で、漢字では「種浸け花」、あるいは「種漬け花」と表記する。水田や畔等の湿った所によく群生する高さ10〜30cmほどの越年草、あるいは一年草。水辺に生えるせいか全体に柔らかい。果柄は茎から広く開いてつき、曲がったサヤ果が斜上、葉は大小変異がある。**オオバタネツケバナ**は、山陰の溝等に生え、頂小葉が際だって大きい。

草本

キュウリグサ（胡瓜草）　むらさき科

Trigonotis peduncularis (Trevir.) F.B.Forbes et Hemsl.

■花期：3～5月頃　　■分布：日本全土

　高さ20cm前後の越年草で全国に分布、庭や畑、花壇などによく生えている。葉をもむとかすかに胡瓜の匂い、それが名の由来となっている。葉は上部では無柄、下部の葉は長卵形で長い柄がある。茎は下部で枝分かれして、細い花茎を斜め上方へ何本も伸ばす。花茎先端はくるっと曲がるサソリ形花序、それがほどけるように伸びながら淡青色の花が次々と咲く。花の中央部が黄色いのが特徴。

ハナイバナ（葉内花）　むらさき科

Bothriospermum zeylanicum (J.Jacq.) Druce

■花期：春と秋　■分布：日本全土

　路傍の草藪等に生える高さ10～20cm前後の小さな一年草で、キュウリグサとよく似ていて、初心者には紛らわしい。どちらも花の径は2、3mmほどで茎は多毛、葉質も柔らかい。前者との区別点は、①本種の葉は茎先端までついている、②その葉と葉の間（内側）に花がつく、それで名前が「葉内花」。③花の中心部は白色（前者は黄色）など。茎には上向きの伏毛がある。

コアカソ（小赤麻） いらくさ科
Boehmeria spicata (Thunb.) Thunb.

■花期：8〜10月頃　■分布：本州〜九州

　山地の石垣や畑の土手、林縁等に多い落葉の半低木。葉も柔らかく、一見草本のように見えるが茎の下部は硬く木質化している。新芽や葉柄が赤みを帯びるのが特徴。葉はつく向きが90度ずつずれる十字対生、向き合った葉柄の長さは長短交互になっていて、上下の葉が重ならず、どの葉にも日光が当たるよう配置されている。葉には光沢、先は尾状に伸び、縁には片側8個以内の粗いギザギザ（鋸歯）がある。

草本

カラムシ（茎蒸） いらくさ科

Boehmeria nivea (L.) Gaudich. var. concolor Makino f. nipononivea (Koidz.) Kitam. ex H.Ohba

■花期：7～11月頃　■分布：本州～沖縄

　カラムシは道路端等に群生する。葉は互生で裏面は真っ白、葉柄に長短交互に配置。茎の皮が強靭で、から（茎）を蒸して繊維をとったので「カラ蒸し」。**ヤブマオ**（次頁）は雌雄同株の多年草で高さ1mほど、農道脇等によく生えている。葉は対生、鋸歯は粗く、葉の先端側ほど鋸歯が大きい。**ニオウヤブマオ**（次頁）は、沿岸部に生え、葉は分厚く微光沢、鋸歯に丸みがある。別名**オニヤブマオ**。

雄花

雌花

草本

ヤブマオ（藪苧麻）　いらくさ科
Boehmeria japonica (L.f.) Miq. var. longispica (Steud.) Yahara
■花期：8〜10月頃　■分布：北海道〜九州

ニオウヤブマオ（仁王藪苧麻）　いらくさ科
Boehmeria holosericea Blume
■花期：8〜10月頃　■分布：本州〜九州

調べてみよう　ナガバヤブマオ　メヤブマオ

ゲットウ（月桃） しょうが科

Alpinia zerumbet (Pers.) B.L.Burtt et R.M.Sm.

■花期：4〜7月頃　■分布：九州南部以南

　ゲットウは葉が細くて上向きに立ち、花は筒状で重そうに垂れる。島唄で「サネン花よ〜♪」と歌われているのが本種。**アオノクマタケラン**（次頁）は、やや湿った山中の林下に生え、花が華奢で小振り。**クマタケラン**（次々頁）はゲットウとアオノクマタケランの交雑種で人家周辺によく植栽されている。広くて芳香があるこの葉は、お団子作りに今も用いられ、昔はおにぎり等を包むのにも用いられた。

草本

アオノクマタケラン （青の熊竹蘭） しょうが科

Alpinia intermedia Gagnep.

花期：4〜7月頃　　分布：本州〜沖縄

草本

クマタケラン（熊竹蘭） しょうが科

Alpinia formosana K.Schum.

■花期：4～7月頃　■分布：九州南部以南

コバノタツナミ（小葉の立浪）　しそ科
Scutellaria indica L. var. parvifolia (Makino) Makino

◀花期：4～6月頃　　■分布：関東～九州

　沿岸地の道路脇や林縁、土手などに多い高さ10～20cmほどの多年草。紅紫色の花はいつも賑やかなコーラスで迎えてくれる。横から見ると海岸に打ち寄せる大きな波頭のように見え、それが「立浪草」の名に。花の色や紋様には変異が多くいずれも目の覚めるような美しさ。葉や茎は多毛で鋸歯は片側4～6個。基部が横に這って立ち上がるのが特徴。

調べてみよう　タツナミソウ

コウボウムギ（弘法麦） かやつりぐさ科

Carex kobomugi Ohwi

■花期：4～7月頃 ■分布：北海道～九州

　海浜植物の代表種の一つ。雌雄異株で、花穂は高さ20cmほど。雌花の花穂は麦の穂にそっくりで、強い潮風も何する者ぞの堂々とした構え。一方、雄花（＝写真左上）の花穂は全面に雄しべと葯、ほどなく枯れて茶褐色、雌花の近くでしょぼしょぼと風采が上がらない。茎や葉のほつれた細い繊維が筆に利用され、それが弘法大師つながりの名となった。よく混在する**コウボウシバ**は葉が細くて全体に小形。

調べてみよう コウボウシバ

草本

ボタンボウフウ（牡丹防風） せり科
eucedanum japonicum Thunb. var. *japonicum*

■花期：7〜9月頃　■分布：関東〜沖縄

　海岸にごく普通な多年生の海岸植物。葉は肉厚、茎もしなやかで太く、潮風や厳しい日射、吹きすさぶ寒風をものともしないような強靭さを秘めている。夏〜秋、せり科特有の傘状の白い花を咲かせる。ミネラルや食物繊維等の豊富な山菜としても親しまれていて、若葉は天ぷらや和え物等にされ、沖縄では長命草の名で知られる。ボウフウは中国原産の薬草、葉が牡丹の葉に似てこの名前。

草本

ハマボウフウ（浜防風）　せり科

Glehnia littoralis F.Schmidt ex Miq.

■花期：5～7月頃　■分布：北海道～南西諸島

　海岸砂地に生えるせり科の多年草で、夏から秋にかけて白い花。葉に強い光沢があり、噛むと清涼感のある香り。若葉は刺身のつまや天ぷらなどにして美味。栽培され、市販もされている。雄花、雌花があり、観察すると面白い素材となる（拙著『植物観察図鑑』参照）。近年、減少しており、根ごとの採取は控えたいもの。本種と混同、誤称されるハマゼリは別種で葉も全く違う。

ホソバワダン（細葉海菜） きく科

repidiastrum lanceolatum (Houtt.) Nakai

■花期：10～12月頃　■分布：本州（中国）、九州、沖縄

　海岸岩場や崖などにごく普通な高さ20～30㎝ほどの多年草で全体無毛。 名にある「ワダン」は千葉～静岡沿岸や伊豆諸島等に自生する多年草で九州にはない。そのワダンとよく似るが葉が細いのでホソバワダン。ワダンの由来は、「海」の古語「ワタ」と菜→「ワタナ」が転化したとの説がある。株の中心から横に枝を出し、そこで発根、新たな子株に黄色い花をつけるのが特徴。

調べてみよう　アゼトウナ　ハマナレン

草本

チガヤ（茅）　いね科

Imperata cylindrica (L.) Raeusch. var. koenigii (Retz.) Pilg.

■花期：4、5月頃　■分布：日本全土

　チガヤは「世界最強の雑草」とも言われる。初夏、銀色の穂は風になびき種子を飛ばす。つぼみを茅花（つばな）といい、口にすると柔らかい噛みごたえとかすかな甘み、白い根にも甘みがある。**イタチガヤ**（次頁）は土手や崖、石垣等に普通な一年草。垂直面には生えるがなぜか平地には生えていない。穂がイタチの尾に似てこの名前。**スズメノテッポウ**（次頁）は春耕前の水田を埋め尽くす雑草。

草本 / 花 / 綿帽子

イタチガヤ （鼬茅） いね科
ogonatherum crinitum (Thunb.) Kunth
■花期：8〜11月頃 ■分布：紀伊半島以西

スズメノテッポウ （雀の鉄砲） いね科
lopecurus aequalis Sobol. var. amurensis (Kom.) Ohwi
■花期：3〜5月頃 ■分布：全国

調べてみよう セトガヤ

穂 / 花 / 実

タチスズメノヒエ（立ち雀の稗）　いね科

Paspalum urvillei Steud.

■花期：8〜10月頃　■分布：関東以西

　タチスズメノヒエは南米原産、高さ1.5mほどの多年草。街中の造成地等に繁茂。穂から茎・葉も含め全体に毛深い。1958年福岡で見つかった。**アメリカスズメノヒエ**（次頁）は造成地や校庭等によく群生。夏、花茎の頂端に通常二股の黒っぽい穂が出るのが特徴。根も茎も極めて頑丈。**シマスズメノヒエ**（次頁）は畑の土手等に生え、3〜5本の花穂をほぼ真横に出し、小穂は大粒の卵形。

草本

アメリカスズメノヒエ（亜米利加雀の稗）　いね科
Paspalum notatum Flügge
花期：7〜9月頃　　■分布：関東以西

シマスズメノヒエ（島雀の稗）　いね科
Paspalum notatum Flügge
■花期：7〜10月頃　　■分布：本州以南

97

メヒシバ（雌日芝） いね科

Digitaria ciliaris (Retz.) Koeler

■花期：7〜9月頃　■分布：日本全土

　メヒシバは畑に多い「雑草」の筆頭格で、「ホトクイ」の方名でよく知られる。細くて女性的だとして「雌日芝」。**コメヒシバ**（次頁）は作溝の縁など日陰の場所によく生え全体が小形、葉は緑が濃くて短く、穂の花軸は2、3本と少ない。**アキメヒシバ**（次頁）は道路脇や運動場などに生え、基部が地を這い先が斜上、茎や基部の葉は赤味を帯て全体に黄色っぽい。楕円形の端整な小穂が密に並ぶのが特徴。

草本

花

メヒシバ（小雌日芝） いね科
gitaria radicosa (J.Presl) Miq.
花期：8、9月頃　■分布：関東以西

小穂

アキメヒシバ（秋雌日芝） いね科
gitaria violascens Link
花期：8、9月頃　■分布：日本全土

草本

オヒシバ（雄日芝） いね科

Eleusine indica (L.) Gaertn.

■花期：8、9月頃　■分布：本州以南

　道路端や荒れ地などでごく普通に目にするいね科の一年草。茎や葉も太くて強靭、根の張り方も強く、株を手で抜くには相当な力が必要。頑丈な草で日向に生え男性的、というような意味でメヒシバに対して「雄日芝」。諸耐性が強いため世界各地に分布、「コスモポリタン」とか「汎存種(はんぞんしゅ)」などと呼ばれている一群。身近な雑草類、特にいね科やかつりぐさ科には汎存種が多い。

草本

アフリカヒゲシバ（阿弗利加髭芝） いね科
Chloris gayana Kunth

■花期：6〜12月頃　■分布：本州中部以南

　南アフリカ原産の帰化植物で、高さ1〜1.5mほどの多年草。熱帯地方には広く帰化しているという。鹿児島県本土では、大隅半島南部の佐多方面を中心に点在していてまだ多くはないが、南の島々では道ばたや荒れ地、畑の脇等にごく普通で旺盛な繁殖力を示す。黄土色の穂が特徴的で、小穂には細長い小突起（芒(のぎ)）があるため輪郭にふさふさ感がある。牧草としても利用される。

草本

エノコログサ（狗尾草）　いね科

Setaria viridis (L.) P.Beauv.

■花期：6〜8月頃　■分布：日本全土

　エノコログサは日本全土に分布する一年草で、穂が犬の尾に似るこ
とから「犬ころ草」、転じてエノコログサに。ネコジャラシの名でも親
しまれる。　**コツブキンエノコロ**（次頁）は田畑の土手等に普通。小穂
は淡緑色で2.5mmほど、ルーペ下で横じわが見える。小穂の剛毛は紫
褐色〜黄褐色。茎の基部はわずかに横に這って立ち上がる。**ハマエノ
コロ**（次頁）は海岸に生え、短小な穂が特徴。

草本

コツブキンエノコロ（小粒金狗尾草） いね科
Setaria pallidefusca (Schumach.) Stapf et C.E.Hubb.
■花期：7〜10月頃　■分布：日本全土

ハマエノコロ（浜狗尾草） いね科
Setaria viridis (L.) P.Beauv. var. pachystachys (Franch. et Sav.) Makino et
■花期：7〜9月頃　■分布：北海道〜沖縄

アキノエノコログサ （秋の狗尾草） いね科

Setaria faberi R.A.W.Herrm.

■花期：8〜10月頃　■分布：日本全土

　北海道〜九州まで全国に分布する高さ1.5mほどになる一年草。耕作地周辺や日当たりの良い人里の荒れ地等に生え、群生する。葉は長さ3、40㎝、巾は2㎝超となり、穂は熟すと先が垂れるのが大きな特徴。葉鞘の辺縁は有毛、穂の直下部分の茎には稜がある。茎とノギには共に上向きの短い剛毛が密生しざらつく。種子を包む「殻」＝包穎の1枚の上部が短めで中が裸出する。

葉の先端

スズメノヤリ（雀の槍） いぐさ科
Luzula capitata (Miq.) Miq. ex Kom.
■花期：4、5月頃　■分布：北海道〜九州

　全国に分布し、畑の土手等に生えるいがぐり頭の花穂が特徴の小形の多年草。頂部の花穂は小花の集合体で地味な風媒花だが、その様を大名行列の先頭を練り歩く毛槍（けやり）に見立ててこの名前に。春先、花はまず柔らかいブラシのような雌しべが伸び出て雌性期先行、後から雄しべの黄色い葯が展開する。葉縁には長白毛が生え、葉の先端は先が潰れた細い棒状というのも面白い特徴。

草本

ニワゼキショウ（庭石菖） あやめ科

Sisyrinchium rosulatum E.P.Bicknell

■花期：5、6月頃　■分布：日本全土

　ニワゼキショウは、校庭や河川堤防の芝の中など日当たりの良い草地に生える一年草。花は赤紫色系と白色系があり、中心部は色濃く染まって鮮やか。その日限りの一日花だが、短い命を精一杯謳歌するかのように、どの花も太陽に向かってパワー全開。**オオニワゼキショウ**（次頁）は20～30cmほどと草丈は高いが、花は淡青色でニワゼキショウより小さく、花弁の形や巾も異なる。

草本

ニワゼキショウ（赤）

オオニワゼキショウ（大庭石菖）　あやめ科

Sisyrinchium sp.

■花期：5、6月頃　■分布：日本全土

コマツヨイグサ（小待宵草）　あかばな科

Sisyrinchium iridifolium var. laxum

■花期：5～8月頃　　■分布：北海道～九州

　コマツヨイグサは北米原産の帰化植物で特に海岸近くに多いが、内陸部の路傍や荒れ地等にもよく繁茂している。花は径3cmほどと小さく、葉も細くて小形、縁はやや深く切れ込んで波打つのが特徴。**オオバナコマツヨイグサ**（次頁）も近年増加、市街地の造成地等にいち早く侵入し繁茂する。前種より葉も花も一回り大きく、花の径は4cmほど、夕方開花、翌朝しぼんで赤変する。

草本

オオバナコマツヨイグサ（大花小待宵草）　**あかばな科**

Oenothera grandis (Britton) Smyth

■花期：5〜8月頃　■分布：北海道〜九州

マツヨイグサ（待宵草）　あかばな科

Oenothera stricta Ledeb. ex Link

■花期：5〜8月頃　　■分布：北陸以西

　マツヨイグサは、「待てど暮らせど来ぬ人を、『宵待草』のやるせなさ」と竹久夢二の歌詞によってものの見事に「ヨイマチグサ」の名で広まった。夕方開花、翌日にはしぼみ、赤変する。アメリカ原産で、細い葉の中央に白い筋が入るのも特徴。**オオマツヨイグサ**（次頁）も同様の一日花、全体大形で高さは1m前後。花の径も7、8cmほどと大きく、葉の縁は波打ち、茎上部まで葉が密につくのも特徴。

草本

オオマツヨイグサ（大待宵草） あかばな科

Oenothera glazioviana Micheli

■花期：5〜8月頃　■分布：日本全土

草本

メマツヨイグサ（雌待宵草）　あかばな科

Oenothera biennis L.

■花期：5〜8月頃　■分布：日本全土

　メマツヨイグサも荒れ地によく生える越年草で高さ1.5m前後。か つてはアレチマツヨイグサとされていたほどに茎は頑丈でよく分枝 し、大きな株となる。オオマツヨイグサに対して花が小さいのでメ（雌）マツヨイグサ。同じ仲間の**ヒルザキツキミソウ**（次頁）は草丈 30〜50cmと小形、北米原産で観賞用に移入、優しい色合いと昼間咲 き続けることが好感され、人家や花壇等によく栽培されている。

草本

ヒルザキツキミソウ（昼咲月見草）　あかばな科
Oenothera speciosa Nutt.
■花期：5〜8月頃　■分布：本州〜九州

草本

ユウゲショウ（夕化粧）　あかばな科

Oenothera rosea L'Hér. ex Aiton

■花期：5〜9月頃　　■分布：関東以西

　熱帯アメリカ原産、高さ20〜50cm前後の多年草。明治期に観賞用で移入したのが荒れ地や路傍等に野生化。花は翌日午後にはしぼむ一日花だが、昼過ぎから夕方にかけて開花することから夕化粧という艶っぽい名に。花弁には赤い筋模様、茎には剛毛と軟毛がありざらつく。この仲間、よく見ると雄しべの葯が細い糸で繋がっている。オシロイバナとの混同を避け**アカバナユウゲショウ**の別名も。

草本

若葉

ウバユリ（姥百合）　ゆり科
Cardiocrinum cordatum (Thunb.) Makino

■花期：7、8月頃　■分布：関東以西

山地のやや湿った林道脇等に自生する高さ1m前後の多年草。春先の若葉には強い光沢があり、山菜としても利用される。夏に白い花が咲くが、筒部に隙間があり、中のつくりが横から見えるのがこの花の特徴。名の由来は、花の時期には葉は枯れてしまってついていない、これを「歯がない姥」に例えたものという。実際は葉のついたのも多い。果実は裂開し、翼のある種子は風に揺らいで舞い落ちる。

ムカゴ

オニユリ（鬼百合）　ゆり科

Lilium lancifolium Thunb.

■花期：7、8月頃　■分布：日本全土

　オニユリは人里や耕作地周辺に多く、高さ1.5m前後で豪壮な感じ夏に朱色の花をつけ、花弁には黒い斑点。種子はできずにムカゴでえ、開花に3、4年かかる。因みに、日本のユリでムカゴをつけるのは本種だけ。**コオニユリ**（次頁）は山間の草原等に生え、概して全体やや小振り、本種にはムカゴがつかず種子で増え、開花まで6、7年を要する。茎は緑色。ムカゴの有無は両種の手軽な判別点。

草本

コオニユリ（小鬼百合）　ゆり科

ilium leichtlinii Hook.f. f. pseudotigrinum (Carrière) H.Hara et Kitam.

■花期：7～9月頃　■分布：日本全土

タカサゴユリ（高砂百合） ゆり科

Lilium formosanum A.Wallace

■花期：8、9月頃　■分布：全国各地

　タカサゴユリは台湾原産で高さ1〜1.5m前後の多年草。大正時代に移入し各地に野生化、道路法面等に群生している。花の筒部外面に紫褐色の筋模様があり、茎には細長い線形の葉が密につく。**シンテッポウユリ**（次頁）はタカサゴユリとテッポウユリの自然交雑種で、近年増加の一途。花は真っ白でテッポウユリに、葉は細長くてタカサゴユリに似る。花の筒部外面に筋模様はない。

草本

シンテッポウユリ (新鉄砲百合) ゆり科
Lilium x formolongo Hort.

■花期:8、9月頃　■分布:本州以南各地

草本

アラゲハンゴンソウ（粗毛反魂草） きく科

Rudbeckia hirta L. var. pulcherrima Farw.

■花期：6〜9月頃　■分布：日本全土

　アラゲハンゴンソウ（別名**キヌガサギク**）は北米原産で高さ40〜70cmほどの多年草。1974年に北海道に移入され、それが全国に広まったものという。全体に粗い毛が多く、強くざらつく。花の中央部（黒っぽい筒状花の集まり）が高く盛り上がるのが特徴。**オオキンケイギク**（次頁）は色合いが優しく特攻花の名で親しまれるが、繁殖力が強く特定外来生物に指定、栽培等は禁止されている。

草本

オオキンケイギク（大金鶏菊）　きく科
Coreopsis lanceolata L.
■花期：5〜7月頃　■分布：日本全土

草本

ヨウシュヤマゴボウ（洋種山牛蒡） やまごぼう科

Phytolacca americana L.

■花期：6〜9月頃　■分布：日本全土

　ヨウシュヤマゴボウは明治初期の帰化植物で、ヨウシュは外来種の意味。熟した実をインクの実と呼び、昔の子供達は手を青く染めながら遊び道具とした。**オシロイバナ**（次頁）は人里でよく目につく栽培種。黒い実をつぶすと中から白い粉。それを子供達は鼻筋に塗って遊んだりした。花は夕方にかけて咲く一日花だが、雄しべ雌しべはゆっくりと伸びだして展開、夜にはまた巻き戻る。身近で面白い観察材料。

草本

展開中　夜8時頃　翌朝

オシロイバナ （白粉花）　おしろいばな科

Mirabilis jalapa L.

■花期：8〜11月頃　■分布：日本全土

スイバ（酸い葉） たで科

Rumex acetosa L.

■花期：5〜8月頃　■分布：日本全土

　スイバは田畑の土手や堤防等にごく普通な多年草で、**スカンポ**の名でも知られる。茎は皮をむいて食べられるが噛むと酸っぱい。上部の葉は基部が茎を抱き、下部の葉は葉柄があり矢じり形。雌雄異株。**ギシギシ**（次頁）は日本全国に分布、川岸や海岸、造成地など至る所に生える高さ50cm〜1mほどの大形の多年草。茎や枝を折るとぬめる。葉は柔らかくて広く、縁が波打つ。

調べてみよう　ヒメスイバ

草本

ギシギシ（羊蹄）　たで科

Rumex japonicus Houtt.

■花期：7〜9月頃　■分布：日本全土

スベリヒユ（滑莧） すべりひゆ科

Portulaca oleracea L.

■花期：7〜9月頃　■分布：日本全土

　スベリヒユは畑や花壇などによく生える一年草。全体無毛で肉厚、夏、枝先に黄色の小さな花をつける。茎を折るとぬめり感はあるが、全草食用とされ、民間薬にも利用される。よく似たポーチュラカはハナスベリヒユとも称される。**ホナガイヌビユ**（次頁）は南米原産の一年草で畑等によく生える。葉の先端は鈍頭〜微凹頭で全体無毛、葉面はしわ深い。**イヌビユ**（＝写真次頁右下隅）は葉の先端が深く凹む。

草本

イヌビユ

ホナガイヌビユ （穂長犬莧） ひゆ科

maranthus viridis L.

■花期：6〜11月頃　■分布：本州〜九州

果実の窓

閉鎖花

キキョウソウ（桔梗草）　ききょう科

Triodanis perfoliata (L.) Nieuwl.

■花期：5〜7月頃　　■分布：関東以西

　キキョウソウは北米原産で高さ20〜40cmほどの一年草。花壇や荒れ地などに雑草化、葉は円形で無柄、数個の紫色の花と種子製造専用の閉鎖花をつける。閉鎖花が熟すと果実の窓から種子がこぼれ落ちる。また、花は花粉むき出しの雄性期から柱頭が裂開し受粉待ち受けモードの雌性期へと移行（次頁上段写真）。**ヒナキキョウソウ**（次頁下段）は頂部に花が一個、果実の小窓の位置が高い。葉は先の尖った三角形。

キョウソウ
① 開花〜雄性期
② 雄性期
③ 雌性期へ
④ 雌性期
果実と窓

ニナキキョウソウ（雛桔梗草）　ききょう科
riodanis biflora (Ruiz et Pav.) Greene

■花期：5〜7月頃　■分布：関東以西

ハハコグサ（母子草） きく科

Pseudognaphalium affine (D.Don) Anderb.

■花期：4～6月頃　■分布：日本全土

　ハハコグサは、頂部に黄色い頭花をつけ、茎や葉は綿毛で密に覆われ全体白っぽい光沢を帯びる。ホウコグサの名前がハハコグサ→母子草と伝わったものらしい。**チチコグサ**（次頁）は葉の表面がかすかに光沢を帯び濃緑色、裏面は綿毛が密生して真っ白、頭花は茶色。本種の名前も「父と子」にまつわる由来はなく、単に母子草と対になるようにつけた名前らしい。

草本

チチコグサ（父子草）　きく科
Euchiton japonicus (Thunb.) Anderb.

■花期：5〜10月頃　　■分布：日本全土

チチコグサモドキ（父子草擬） きく科

Gamochaeta pensylvanica (Willd.) Cabrera

■花期：4〜9月頃　■分布：全国各地に帰化

　チチコグサモドキは熱帯アメリカ原産の帰化植物で人里や畑等にご く普通。全体に白毛が多く、灰緑色で軟弱感のある一年草〜越年草 葉の先端は全体丸いが、頂端部が突起状に突き出るのが特徴。**ウラ**ジ **ロチチコグサ**（次頁）も南米原産で頭花は褐色。葉は根元を覆うよう に広がり表面は光沢のある濃緑色、裏面は鮮やかなほどに真っ白。頭 花が紅色の**ウスベニチチコグサ**（＝写真次頁上辺中央）は少ない。

ウスベニチチコグサ

ウラジロチチコグサ（裏白父子草）　きく科

Gamochaeta coarctata (Willd.) Kerguélen

■花期：5～9月頃　■分布：東北～九州

草本

アレチハナガサ（荒れ地花笠）　くまつづら科

Verbena brasiliensis Vell.

■花期：5〜9月頃　■分布：本州〜九州、奄美

　アレチハナガサは文字通り荒れ地や河川敷等に多い南米原産で高さ1〜2mほどの大形の多年草。日本へは1950年代の渡来とされる。葉の基部はわずかに翼状となって茎に回り込む（＝写真右上）。ヤナギハナガサ（次頁）も南米原産の帰化植物で、人家や道路沿いの花壇等によく植えられている。赤紫色の花が頂部に半球状にまとまってつき、葉に葉柄はない。茎は中空、全体がざらつく。

調べてみよう　ヒメクマツヅラ（ハマクマツヅラ）

草本

ヤナギハナガサ（柳花笠） くまつづら科

Verbena bonariensis L.

■花期：5〜9月頃　■分布：北海道〜九州

草本

ヒメヒオウギズイセン（姫檜扇水仙）　あやめ科

Crocosmia x crocosmiiflora (Lemoine) N.E.Br.

■花期：7、8月頃　■分布：各地に逸出・帰化

　外来種が山野に生えていたりするとどこか違和感があるものだが、本種にはさほど違和感を覚えず、在来種の感さえある。数枚の葉が基部でぴったり重なって出る様を「檜扇（ひおうぎ）」に見立て、花が小さな水仙を思わせるとして、「姫」（＝小さく可愛いの意味）を付けたもの。花は下から上に咲き上がり、種子はできず球根で増える。明治期の渡来で、地下茎が発達して繁殖力旺盛、全国の山野に広範に帰化している。

シロヤブケマン

ユキヤブケマン

ムラサキケマン（紫華鬘）　けまんそう科
Corydalis incisa (Thunb.) Pers.

■花期：4～6月頃　■分布：日本全土

　日本全国に分布、山村の道路端の藪や畑の隅の草むら、人家周辺の木陰の藪などに生える高さ30～50cmほどの越年草。葉は2回3出複葉で細かく切れ込み、全体に軟弱感がある。花の色は紅紫色で別名ヤブケマン。筒部が白く先端部に紫を帯びるものを**シロヤブケマン**、純白品もあり**ユキヤブケマン**という。いずれも全草に強い毒を含む。その他キケマンやツクシキケマン等も県内に産する。

調べてみよう　キケマン　ツクシキケマン

ニシキソウ（錦草） とうだいぐさ科

Chamaesyce humifusa (Willd. ex Schltdl.) Prokh.

■花期：7～9月頃　■分布：本州～九州

　ニシキソウは畑や荒れ地等に生える在来種で、実も茎もほぼ無毛、茎は赤味を帯び、葉に斑紋はない。筆者は鹿児島県で典型的なニシキソウに出合ったことがない。**コニシキソウ**（次頁）は畑や花壇等に非常に多い一年草で、茎を四方に広げて地面を覆う。明治期渡来の帰化植物で、実の全面と茎に伏毛があるのが特徴。葉に斑紋が有る（写真上段）のと無い（同下段）のが見つかる。

調べてみよう　オオニシキソウ

草本

コニシキソウ（小錦草）　とうだいぐさ科

Chamaesyce maculata (L.) Small

■花期：7～9月頃　　■分布：日本全土

ハイニシキソウ（這錦草） とうだいぐさ科

Chamaesyce prostrata (Aiton) Small

■花期：6〜10月頃　■分布：関東地方〜沖縄

　ハイニシキソウは熱帯アメリカ原産の一年草。葉は丸っこく青みを帯び、葉に斑紋はない。表面無毛で裏面も無毛かまばらな毛。実は葉の腋に1個ずつつき、稜のみに立毛。**シマニシキソウ**（次頁）も熱帯アメリカ原産の一年草。暖地の路傍や畑地、花壇等によく群生する。茎は斜めに立ち高さ2、30cm、黄褐色の毛が密生し全体が赤っぽいのが特徴。葉はこの仲間内では最大級。

シマニシキソウ（島錦草）　とうだいぐさ科

Chamaesyce hirta (L.) Millsp.

■花期：5～10月頃　■分布：関東地方～沖縄

腺毛

ヤブミョウガ（藪茗荷）　つゆくさ科

Pollia japonica Thunb.

■花期：6～9月頃　■分布：関東地方～屋久島

　暖地で比較的低地のやや湿った林下によく群生する高さ1mほどの多年草。光沢のある葉を広げ、段状に白い花をつける。花は黄色い葯の目立つ雄花と、中央部に雌しべと子房、周りに短い雄しべのある両性花の2種類がある。両性花の雄しべと花弁は午後には店じまい、雌しべだけが残って頑張る。白い実は秋に藍色に熟す。葉はざらつき、茎は腺毛でべとつく。葉や花に匂いはない。

ハナミョウガ（花茗荷）　しょうが科

pinia japonica (Thunb.) Miq

花期：5、6月頃　■分布：関東～九州・奄美

　関東～四国、九州の暖地の林下に自生する高さ5、60cmほどの多年草で、奄美大島が南限となる。鹿児島県では里山の林下や林縁などに普通。葉の両面に毛があり、光沢はない。葉をもむとショウガ科特有の芳香がある。花は5、6月頃が盛りで、間近で観察するとその美しさに！マーク。それに雌雄異熟で、雌しべが上下運動をするのにも！マーク（拙著『植物観察図鑑』参照）。稀に白花もある。実は赤熟。

草本

ヤブカンゾウ（藪萱草）　**わすれぐさ科**

Hemerocallis fulva L. var. *kwanso* Regel

■花期：7、8月頃　■分布：北海道〜九州

　ヤブカンゾウは山村の道路脇や水田の土手等で見かけるが、中国原産の史前帰化植物（＝稲作文化等の伝来とともに入ったもの）らしい。八重咲きの花（＝雄しべが花弁に変化して八重咲きとなったもの）が特徴で、花期は秋口。**アキノワスレグサ**（次頁）も畦などやや湿った所に生え、同じく花期は秋。葉が枯れないため、常緑を意味する「常盤」を冠して**トキワカンゾウ**ともいう。春先の若葉は山菜に利用。

アキノワスレグサ（秋の忘れ草）　わすれぐさ科
Hemerocallis fulva L. var. sempervirens (Araki) M.Hotta

■花期：8〜10月頃　　■分布：近畿〜沖縄

草本

ハマオモト（浜万年青） ひがんばな科

Crinum asiaticum L. var. japonicum Baker

■花期：5～9月頃 ■分布：房総半島以南の太平洋側

　海岸に生える常緑の多年草。葉が肉厚でオモトに似ることからこの名前。別名のハマユウ（浜木綿）の名は、花の様子が神事で使う「ゆう」という白い布に似ることに因むという。多数のつぼみがあり、日ごとに次々と開花、花の周りには芳香が漂う。果実が熟す頃に花茎は倒れ、白い卵のような実を落として海流分散の機会を待つ。実は漂流分布に適した作りと能力を持ち、種子は水が無くとも発芽するという。

草本

タケニグサ（竹似草）　けし科

Macleaya cordata (Willd.) R.Br.

花期：6〜8月頃　　分布：本州〜九州

　高さ1〜2mの大形多年草。昔は深山で見かける植物だったが、近年は人里近くでも見かける。茎や枝が粉白色で葉裏も白っぽい。茎は中空で、折ると黄色い有毒の乳汁が出る。種子がネザサと似ることから「竹似草」。ところが、五家荘（熊本県）では本種と一緒に竹を煮て、防虫・防腐効果で長持ちする色合いのよい家具材を作るらしい。それで「竹煮草」だと思い込んでいた、という話を土地の人から聞いた。

草本

シロツメクサ（白詰草）　まめ科

Trifolium repens L.

■花期：4～12月頃　■分布：日本全土

　四つ葉のクローバーでお馴染みの身近な牧草。江戸時代、オランダからのガラス器献上品に破損防止の緩衝材として詰められていたことが名の由来で、「白い詰め草」を意味し、語感から連想しやすい「白い爪草」ではない。根粒菌を持ち、荒れ地等でもよく群生する。受粉した小花は枯れて垂れ、更に熟すのを待つ。四つ葉探しの時、視点をちょっと加えてあげると自然は身近な観察材料に早変わり。

草本

メドハギ（筮萩） まめ科
Lespedeza cuneata (Dum.Cours.) G.Don

■花期：8〜10月頃　■分布：日本全土

　メドハギは丘陵地や山野にごく普通な高さ7、80cmの多年草で、日本全土に分布する。夏に直立した茎の上部から多くの小枝を出し、葉が密集して茂る。葉は3枚の小葉からなる複葉で、秋口、葉の腋に小さな花をつける。茎は硬く基部は木質化する。この茎を占い師が用いる筮竹（＝竹ひごのような細い竹の棒）の代わりに用いたのが名の由来。茎が地を這う**ハイメドハギ**も丘陵地等に多い。

調べてみよう　ハイメドハギ

草本

ハマスゲ（浜菅） かやつりぐさ科

Cyperus rotundus L.

■花期：7〜10月頃　■分布：東北〜沖縄

　地下茎が発達し、乾燥にも強いため、海岸近くの砂地や畑、アスファルト舗装の隙間等にもよく生え小群落を作る。地下茎の所々には小塊状の塊茎もつける。塊茎は生薬ともされるが、精油が含まれていて害ると一種の香気がある。それが、生薬で香附子と呼ばれる由来でもあり、「こぶし」の方名の由来ともなっている。庭や畑で草取りをしても、地下茎や塊茎が残りやすい厄介な雑草でもある。

カヤツリグサ（蚊帳吊草）　かやつりぐさ科
Cyperus microiria Steud.

■花期：8〜10月頃　■分布：本州〜九州

　昔はどの家にもあった蚊帳、目にすることがなくなってから久しい。カヤツリグサの茎は三角柱。その両端を二人の子どもが持ち、両手で左右に引き裂くと、あら不思議！四角い「蚊帳」が出現する。高さ3、40cm程度の一年草。花枝の主軸が分枝し、左右へ短い花軸を出すのが特徴。花軸は無毛で、穂は垂れない。一見するとチャガヤツリとも似るが本種の小穂先端はさほど尖らない。

コゴメガヤツリ（小米蚊帳吊）　かやつりぐさ科

Cyperus iria L.

■花期：8～10月頃　　■分布：本州～沖縄

　カヤツリグサの仲間で最もよく見る種類の一つで、秋の休耕田等で一面に繁茂していたりする。前頁のカヤツリグサが畑地や荒れ地等にも多いのに対し、本種は圧倒的に水田などやや湿った場所に多い。花軸に小穂が寄り添うような形で斜上、密な花序を形成して開出しない。小穂の鱗片は鈍頭で、熟すと穂先が垂れ、まるでたわわに実った稲穂のように見えることからコゴメガヤツリ。

チャガヤツリ（茶蚊帳吊）　かやつりぐさ科
Cyperus amuricus Maxim.
■花期：7〜9月頃　■分布：本州〜九州

花穂は枝分かれせず、小穂は茶色で扁平、先端が鋭く尖っている。

イヌクグ（犬莎草）　かやつりぐさ科
Cyperus cyperoides (L.) Kuntze
■花期：6〜10月頃　■分布：関東〜沖縄

茎の先端に円柱状の穂が放射状に何本もつくのが特徴。**クグ**とも。

クグガヤツリ（莎草蚊帳吊） かやつりぐさ科
Cyperus compressus L.
■花期：8～10月頃　■分布：関東～奄美群島

高さ15cm前後、扁平で光沢を帯びた小穂をややまばらにつける。

ヒメクグ（姫莎草） かやつりぐさ科
Cyperus brevifolius (Rottb.) Hassk. var. leiolepis (Franch. et Sav.) T.Koyama
■花期：7～10月頃　■分布：日本全土

湿ったあぜ道等によく生え、頂部に小球状花序。地下茎で繋がる。

タマガヤツリ（玉蚊帳吊）　かやつりぐさ科
Cyperus difformis L.
■花期：8～10月頃　■分布：日本全土

水田等に生え高さ20～40㎝ほど、小球状花序が数個つく。

ヒンジガヤツリ（品字蚊帳吊）　かやつりぐさ科
Lipocarpha microcephala (R.Br.) Kunth
■花期：8～10月頃　■分布：本州～九州

高さ十数㎝と小形、畑に生え穂の形が漢字の品の字のよう。

草本

オトギリソウ（弟切草） おとぎりそう科

Hypericum erectum Thunb.

■花期：7～9月頃　■分布：日本全土

　オトギリソウは高さ50cmほど、葉は無柄で対生、葉から花弁まで全体に黒点が散らばる。薬草の秘密を漏らした弟を怒った兄が斬り殺し飛び散った血の跡が黒点となったという伝説が名の由来。**ヒメオトギリ**（次頁）は、苞葉が細長く裏面にびっしりと腺点、雄しべの数は10～20。**コケオトギリ**（次頁）は葉が3～6mmほどと小さく、苞は葉とよく似た卵円形で雄しべは5～8。

草本

ヒメオトギリ（姫弟切）　おとぎりそう科
Hypericum japonicum Thunb.
■花期：7～9月頃　■分布：近畿地方～九州

雄性期

雌性期

コケオトギリ（苔弟切）　おとぎりそう科
Hypericum laxum (Blume) Koidz.
■花期：7～9月頃　■分布：日本全土

草本

ノビル（野蒜） ゆり科
Allium macrostemon Bunge

■花期：5月頃　■分布：日本全土

　ノビルは山菜で知られるが、初夏、50cmほどに高く伸びた茎の頂部に花。小さなつぼみの集まりがそのまま開花したり、一部がムカゴに変わったり、ムカゴだけでほとんど開花しなかったりと様々。通常種子はできずにムカゴで増える。**ミゾソバ**（次頁）は休耕田等に繁茂する一年草。茎には微小なトゲ、花序のすぐ下には腺毛が密生。地際や地下には白い閉鎖花。よく**シロバナミゾソバ**と混生している。

草本

閉鎖花

ミゾソバ

シロバナミゾソバ

ミゾソバ（溝蕎麦） たで科

Persicaria thunbergii (Siebold et Zucc.) H.Gross

■花期：7〜10月頃　■分布：日本全土

セイタカアワダチソウ（背高粟立草） きく科

Solidago altissima L.

■花期：9～11月頃　■分布：北海道南部以南

休耕田や河川敷等に大群落、というかつての爆発的勢いは衰えて小形化、身長低下が進行中。地下50㎝ほどの栄養を使い果たし、勢いた衰えはじめたという説がある。茎は枝分かれせず葉は密生。鋸歯は葉の中程から上にまばら。花粉アレルギー源として一時騒がれたがれっきとした虫媒花、花粉症の元凶ではない。花粉も重く、風による飛散距離も短いという。他植物の成長等に影響するアレロパシーを有する

草本

6個の小花 / 6枚の花弁 / 6本の雄しべ

ヒガンバナ（彼岸花）　ひがんばな科

Lycoris radiata (L'Hér.) *Herb.*

■花期：9月頃　■分布：日本全土

　稲穂が色づき始める秋のお彼岸の頃、時期を違えることもなく地下から湧き出たように一斉に花が咲く。花は葉に先立って咲き、葉を見ずに散るため「葉見ず、花見ず」とも言われる。花は込み入った作りに見えるが、整理すると頭花は通常6個（7個もある）の小花からなり、1個の小花は、縮れた花弁6枚、雄しべ6本、長い雌しべ1本からなる。込み入った問題も単純化すると解きやすいという例。

オミナエシ（女郎花）　おみなえし科

Patrinia scabiosifolia Fisch. ex Trevir.

■花期：7〜10月頃　　■分布：北海道〜九州

　オミナエシは古来人々に愛でられ、平家物語や源氏物語にも登場する秋の七草の一つ。近年、野生の姿は中々見かけなくなった。葉は対生で深く切れ込み、全体に醤油のような特有の臭気がある。**オトコエシ**（次頁）は高さ1.5mほどの多年草。オミナエシ（女郎花）と対比した名前で、大きくて男性的な本種に男郎花の字をあてた。花は地味だが種子には円盤状の翼、まるで森の帽子屋さんかUFOの大襲来！

草本

オトコエシ（男郎花） おみなえし科

Patrinia villosa (Thunb.) Juss.

■花期：8〜10月頃　■分布：北海道〜九州

草本

ホトトギス（杜鵑） ゆり科

Tricyrtis hirta (Thunb.) Hook.

■花期：9、10月頃 ■分布：関東地方南部〜九州

　山地の林道脇等に生える多年草。大きなものは1m超にもなり、先がしなって垂れる。全体に毛深く、茎には上向きの毛があり葉は平行脈が目立つ。基部は茎を抱き裏面は白っぽい。花の白い花弁には紫の斑紋、この模様が鳥のホトトギスの胸の斑紋と似ていて同じ名前に。よく見ると雌しべ雄しべにまで斑紋がある。花は半開し、6本の雄しべに被さるように雌しべは大きく3裂、さらに先端が2裂する。

調べてみよう ヤマジノホトトギス

ナンバンギセル（南蛮煙管）　はまうつぼ科
Aeginetia Indica L.

■花期：8〜10月頃　　■分布：本州〜沖縄

葉緑素を持たない寄生植物で、ススキなど単子葉植物の根に寄生し栄養を得る。高さ20〜30cmほどの一年草で、秋の初め頃、ススキやチガヤの茂る原野を歩くとよく見つかる。この時期、花茎が急速に伸長して開花、花のうつむいて咲く様を南蛮人のキセルに見立てたもの。万葉人はその様を「想い草」と風流に詠んだ。秋の山野で見つければ嬉しい表情豊かな役者さんでもある。

草本

サイヨウシャジン（細葉沙参） ききょう科

Adenophora triphylla (Thunb.) A.DC. var. triphylla

■花期：8～10月頃　■分布：中国地方～九州

　サイヨウシャジンは薄紫で釣り鐘状の花をたくさんつけ、めしべ
柱が長く花外に突き出ている。花の開口部は絞り気味、葉は段状に輪
生する。稀に**シロバナサイヨウシャジン**（＝写真右下）もある。**ノダ
ケ**（次頁）も秋の山野で風情を醸すが、白い花が定番のせり科で、本
種の花は暗紫色～紅紫色（**シロバナノダケ**も稀にある）。つぼみが大き
な袋状の総苞で包まれる様を、タケノコの皮に見立ててノダケ。

草本

ノダケ（野竹） せり科
Angelica decursiva (Miq.) Franch. et Sav.

■花期：9〜11月頃　■分布：本州〜九州

草本

アキノタムラソウ（秋の田村草）　しそ科

Salvia japonica Thunb.

■花期：6〜8月頃　■分布：本州〜沖縄

　アキノタムラソウは秋と名がつくが夏から開花、子供達の夏休み植物採集の定番品でもある。下部の葉は深く切れ込んだ複葉で対生、茎の断面は四角形、上部に紫色の花が段々につく。**ワレモコウ**（次頁）は暗赤色の花穂をつけ、頂部から下へと開花する。秋の七草には選外だが、ノダケと並び七草以上の趣きに富む花である。高さ30〜100㎝ほどで葉は羽状複葉、もむとかすかにスイカの匂いがする。

草本

ワレモコウ（吾亦紅） ばら科
Sanguisorba officinalis L.

■花期：7〜11月頃　■分布：北海道〜九州

ヤハズソウ（矢筈草） まめ科

Kummerowia striata (Thunb.) Schindl.

■花期：8〜10月頃　■分布：日本全土

　ヤハズソウは運動場等にごく普通な一年草で、こんもりと山形に盛り上がって茂る。葉は小さな3出複葉だが、1枚の小葉を左右に引っ張ると側脈沿いに切れグーとチョキに分かれる。チョキの形が弓矢を弦にあてがう部分（矢筈）に似るので「矢筈草」。**ダンチク**（次頁）は「暖地の海岸に生える竹」の意味で、実はできず地下茎のみで増える。高さ4mにもなる大形の常緑多年草で繁殖力は強い。

草本

ダンチク（暖竹） いね科

Arundo donax L.

■花期：7〜10月頃　■分布：関東以西

調べてみよう　ツルヨシ　セイタカヨシ

171

草本

ヤブジラミ（藪虱） せり科

Torilis japonica (Houtt.) DC.

■花期：5〜7月頃　■分布：日本全土

　ヤブジラミは人里の藪等にごく普通な一年草。楕円形の実にはトゲ状の剛毛が密生、先が鈎状に曲がり「ひっつき虫」の筆頭格。それを藪でとりつく虱に見立てた。**ソクズ**（次頁）は高さ2mほどになる大形の多年草。葉は奇数羽状複葉で対生、地下茎が発達して群生する。傘状花の小花は蜜を出さず、蜜専用の黄色い壺状腺体が発達しているのが特徴。実は秋に赤熟。

草本

ソクズ（蒴藋）　れんぷくそう科

Sambucus chinensis Lindl.

■花期：7、8月頃　■分布：本州、四国～九州以南

草本

トウバナ（塔花） しそ科

Clinopodium gracile (Benth.) Kuntze

■花期：5～8月頃　■分布：本州以南

　トウバナは高さ10～30cm前後の小形の多年草で、人里の路傍等に普通。茎は細く基部でよく分枝、下部は横に這い先が立ち上がる。葉は対生、茎は四角形で、頂部に幾段にも輪状に淡紅紫色の花、それて「塔花」。**コナスビ**（次頁）は山地や人里の路傍、土手等に地を這うように広がる小形の多年草。葉は広卵形で対生、葉の付け根に黄色い花、隠れるようにして丸い実。それをナスに見立てた。

草本

実

花

コナスビ（小茄子）　さくらそう科

Lysimachia japonica Thunb.

■花期：5～8月頃　■分布：日本全土

ハマボッス（浜払子）　さくらそう科

Lysimachia mauritiana Lam.

■花期：5、6月頃　■分布：全国の海岸

　ハマボッスは海岸に生える高さ20〜30cmほどの越年草。茎は多肉質で太く、赤みを帯びて無毛。葉は密に互生し、光沢があり肉厚。白い花房を仏事で僧侶が用いる払子（ほっす）という仏具に見立てた。
イヌホオズキ（次頁）は全国に普通な一年草で、黒い実をつける。花軸から花柄（＝果柄）が順次並んで出ているのが本種、軸のほぼ一点から分岐しているのが**アメリカイヌホオズキ**（次頁右下）。

草本

アメリカイヌホオズキ

イヌホオズキ（犬酸漿） なす科
Solanum nigrum L.

■花期：7～10月頃　■分布：日本全土

調べてみよう テリミノイヌホオズキ

両性花

ヒナタイノコヅチ（日向猪子槌） ひゆ科

Achyranthes bidentata Blume var. fauriei (H.Lév. et Vaniot)

■花期：8、9月頃　■分布：本州以南

　ヒナタイノコヅチは山村の草やぶ等に生える多年草。茎は角張り節は膨らむ。葉はやや肉厚で葉脈がくっきりして縁は波打つ。花は両性花、実は茎に密着して行儀よく下向きになる。根は深く伸びて肥厚する。**アメリカフウロ**（次頁）は北米原産の一年草。葉は深く3〜5裂し更に数回小さく切れ込む。葉は秋に開花するゲンノショウコに似るが本種は春〜秋口までと花期が長く、花も地味で小さい。

調べてみよう イノコズチ

草本

節

アメリカフウロ（亜米利加風露）　ふうろそう科

Geranium carolinianum L.

■花期：4〜9月頃　■分布：日本全土

メキシコマンネングサ（墨西哥万年草）　べんけいそう科

Sedum mexicanum Britton

■花期：4～6月頃　■分布：関東以西

　メキシコマンネングサは人家によく栽培されている。茎が赤みを帯びず全体鮮緑色で、下部の葉は通常4、5枚が輪生、中国原産らしい。**ヤナギバルイラソウ**（次頁）は全体無毛で葉は対生。メキシコ原産の低木状多年草で冬に地上部は枯れ、翌春発芽、鹿児島では市街地に年増加の一途。花は午後にはしぼむが、春から晩秋まで次々と花をつける。別名に**ムラサキイセハナビ**や**ヤナギバスズムシソウ**。

草本

実

ヤナギバルイラソウ（柳葉るいら草）　きつねのまご科

Ruellia simplex C.Wright

■花期：4〜10月頃　■分布：宮崎、鹿児島以南に栽培、逸出

ヒメコバンソウ（姫小判草）　いね科

Briza minor L.

■花期：6〜9月頃　　■分布：本州以南

　ヒメコバンソウは欧州原産の帰化植物で、畑地や路傍にごく普通な、高さ20〜30cmほどの一年草。穂を振ると小判形の小穂のふれあう音がする、それで別名は**スズガヤ**。　ミヤコグサ（次頁）は暖地沿岸部に多いまめ科の多年草で、目を射るような鮮やかな黄色い花をつける。全草無毛で、葉は3出複葉に見えるがよく見ると5枚の複葉。全体華やかで京都の東山に多かったのが名の由来。

草本

ミヤコグサ（都草）　まめ科

Lotus corniculatus L. var. japonicus Regel

■花期：5、6月頃　■分布：日本全土

ムシトリナデシコ(虫取撫子) なでしこ科

Silene armeria L.

■花期：5〜7月頃　■分布：日本全土

　ムシトリナデシコは欧州原産の帰化植物。茎上部に粘液の分泌腺があり、べとつく。そこに小さな虫や植物の綿帽子等がよくくっついている。**ヒメハマナデシコ**（次頁）は海岸の岩場などに生える高さ10〜20cmほどの多年草で葉は光沢があり対生。日本固有種で夏に白〜ピンクのきれいな花が咲く。花弁の縁は小さく切れ込み、花は「両性花」と雄しべの退化した「雌花」の2形がある。

草本

ヒメハマナデシコ（姫浜撫子）　なでしこ科

Dianthus kiusianus Makino

■花期：6〜10月頃　■分布：本州〜南西諸島

調べてみよう　ハマナデシコ（フジナデシコ）

ウスベニニガナ （薄紅苦菜）　きく科

Emilia sonchifolia (L.) DC. var. javanica (Burm.f.) Mattf.

■花期：3～11月頃　■分布：紀伊半島以西

　ウスベニニガナは暖地沿岸部の道端や畑等によく生える一年草。紅紫色の筒状花が本種の特徴で、基部の葉は茎を抱き、白い長毛が目立つ。南の島々には多い。　**ベニバナボロギク**（次頁）は山地の伐採跡地等にいち早く侵入し、よく群生するアフリカ原産の一年草。頭花が々色で、下向きに垂れるのが特徴。高菜・春菊に似た香りがあり、天ぷらや和え物等にして楽しめる山菜。

草本

ベニバナボロギク （紅花襤褸菊） きく科
Crassocephalum crepidioides (Benth.) S.Moore

■花期：8〜10月頃　■分布：関東以西

ハゼラン（爆蘭） すべりひゆ科

Talinum paniculatum (Jacq.) Gaertn.

■花期：6～9月頃　■分布：全国各地に帰化

　ハゼランは南米原産で高さ4、50cmほどの多年草。明治時代に観賞用に移入したものが広まった。小さなつぼみが弾けるようにして咲くのでハゼラン。「花火草」とか、午後3時頃開花することから「三時花」という呼び名もある。**オオオナモミ**（次頁）は荒れ地等に生えるメキシコ原産の一年草。実はイガにくるまれ、服などによくつく「ひっつき虫」。トゲの短いオナモミは見なくなった。

草本

オオオナモミ（大葉耳） きく科
Xanthium orientale L. subsp. orientale
■花期：8～10月頃　■分布：全国各地に帰化

草本

冠毛

ハキダメギク（掃溜菊）　きく科

Galinsoga quadriradiata Ruiz et Pav.

■花期：5～10月頃　　■分布：全国各地に帰化

　ハキダメギクは熱帯アメリカ原産で高さ20～50㎝の一年草。牧野富太郎博士が掃きだめで発見して名付けたものという。全体に多毛で腺毛も混じる。**ヨモギ**（次頁）は地下茎を伸ばして群生、秋には成長がよいものは高さ1ｍ超にもなり、葉の腋に地味な風媒花を密につける。若葉の葉裏には綿毛が密生、これが団子やよもぎ餅の格好の「つなぎ」となる。モグサの原料にも。

調べてみよう　コゴメギク

草本

若葉　裏面　花

ヨモギ（蓬）　きく科

Artemisia indica Willd. var. maximowiczii (Nakai) H.Hara

花期：9〜11月頃　　分布：本州以南

草本

ヌスビトハギ（盗人萩）　まめ科

Hylodesmum podocarpum (DC.) H.Ohashi & R.R.Mill subsp. oxyphyllum (DC.) H.Ohashi & R.R.Mi.

■花期：7〜9月頃　■分布：日本全土

　山野に普通な高さ7、80cmほどの多年草。葉は3小葉からなる複葉で葉裏は白っぽく、葉柄に翼は無い。花はピンクで秋の山野を賑やかに彩る。メガネの形をした実の表面には剛毛があり、2節からなる「ひっつき虫」。昔の子供たちのよい遊び道具だった。実の形が泥棒の忍び足を連想させてこの名前。**ミソナオシ**の実もよく似たひっつき虫だが、実は長くて多くの節からなり、葉柄には翼がある。

調べてみよう　ミソナオシ

ミズヒキ (水引)　たで科
Persicaria filiformis (Thunb.) Nakai ex W.T.Lee

■花期：8〜11月頃　■分布：日本全土

秋の山野、やや湿った林縁や林道脇等にはごく普通。茎には節、葉にには黒い斑紋があり、茎の芯には柔らかい髄。花弁状のがく片3枚は赤く、下側の1枚は白い。その小さな花が繋がる長い花穂を紅白の「水引」に見立てた。因みにがく片が4枚とも白い**ギンミズヒキ**もある。所で、この花の開花時間は？　正解は早朝6時頃から開花、その日に閉じて翌日は雌しべが伸び出てくる（拙著『植物観察図鑑』参照）。

草本

ツルボ（蔓穂）　きじかくし科

Barnardia japonica (Thunb.) Schult. et Schult.f.

■花期：9、10月頃　■分布：日本全土

　ツルボは畑の土手等によく生える多年草。春に出た葉は枯れるが、秋に再び2枚の葉が出て淡紫色の花穂をつける。それを貴族が宮中へ参内するときの傘に見立てて、**サンダイガサ**の別名もある。**キンミズヒキ**（次頁）の花は下から上に咲き上がるが、全開状態の両性期を過ぎると、やおら雄しべが雌しべを包むようにくるまってしまうという奇妙な動きを見せる。おそらく念押しの自家受粉か。

草本

実

キンミズヒキ（金水引） ばら科

grimonia pilosa Ledeb. var. japonica (Miq.) Nakai

■花期：7～10月頃　■分布：日本全土

クワクサ（桑草） くわ科

Fatoua villosa (Thunb.) Nakai

■花期：9、10月頃　■分布：本州以南

　クワクサは路傍や耕作地脇の草藪等によく生える高さ4、50㎝の一年草。葉や花序の形がクワに似るのが名の由来。茎や葉柄は赤みを帯び、葉には細毛がありざらつく。雌雄異花。**エノキグサ**（次頁）は高さ3、40㎝の一年草で、花を支え、包んでいる大きな編み笠状の苞葉があるのが特徴。赤みを帯びた穂状の雄花が上に伸び、苞に包まれ下で待ち受ける雌花に花粉が落ちて受粉する。別名**アミガサソウ**。

草本

雄花　雌花

エノキグサ（榎草）　とうだいぐさ科

calypha australis L.

花期：8〜10月頃　　分布：日本全土

イヌビエ（犬稗） いね科

Echinochloa crus-galli (L.) P.Beauv. var. crus-galli

■花期：8、9月頃　■分布：日本全土

　イヌビエは水田雑草だが湿った空き地等にもごく普通。稲作にうま く同期した巧妙な生活パターンを獲得。田植えの頃に発芽して稲に紛 れて成長、稲が熟す前に成熟して刈り取りを逃れ種子を散布、翌年の 発芽へ備える。**シナガワハギ**（次頁）は江戸時代の渡来で牧草や飼料 にされてきたが、沿岸部を中心に造成地等に広く野生化している。特 に、奄美大島等、南の島々での広がり方はすさまじい。

草本

シナガワハギ（品川萩） まめ科

Melilotus officinalis (L.) Pall. subsp. suaveolens (Ledeb.) H.Ohashi

■花期：5〜10月頃　■分布：日本全土

草本

マルバツユクサ（丸葉露草） つゆくさ科

Commelina benghalensis L.

■花期：7～10月頃　■分布：関東以西

　マルバツユクサは路傍に多い一年草。葉が広くて縁は波打ち、花に小振り。地中に白い閉鎖花をつける。**ツユクサ**（次頁）は表情イキイキ、瑞々しい生命感に満ちている。名も「朝露のかかる草」からとか。その花の命はせいぜい半日ほど、午前中でしぼむ一日花。ちなみに英名もdayflower。花に蜜がないため虫は寄らず、花が閉じる前に雄しべと雌しべが巻き戻り自家受粉（？）の動きをする。

草本

両性花

ツユクサ（露草）　つゆくさ科

Commelina communis L.

■花期：7〜10月頃　■分布：日本全土

草本

ノハカタカラクサ（野博多唐草） つゆくさ科

Tradescantia fluminensis Vell.

■花期：5〜8月頃　■分布：関東以西

　ノハカタカラクサ（別名**トキワツユクサ**）は南米原産、観賞用の栽培品が野生化して広まり、暖地では至る所湿った藪陰等に繁茂している。濃い緑色の葉で太めの茎、花は径1、2cmほどと大きめで目を射るような鮮やかな白。**メリケンムグラ**（次頁）はあぜ道などに生える北米原産の一年草。茎の基部は地を這い、四方に広がる。葉は対生茎は四角形で、茎の稜や白い花弁には白毛が密生する。花は一日花。

草本

メリケンムグラ（米利堅葎） あかね科

Diodia virginiana L.

■花期：7〜10月頃　■分布：東海・近畿以西

オガルカヤ（雄刈萱）　いね科

Cymbopogon tortilis (J.Presl) A.Camus var. goeringii (Steud.) Hand.-Mazz.

■花期：9、10月頃　■分布：本州以南

　オガルカヤは丘陵地や山野に自生する高さ1mほどの多年草。全体に灰白色を帯び、短い柄のある小穂と無柄の小穂が2本ずつ対になってつく。それを雀に見立てて**スズメカルカヤ**の別名も。**メガルカヤ**（次頁）は同じく山野に生える高さ1mほどの多年草。茅葺き屋根の材料にこの草を苅って用いた事からカルカヤ。南限は佐多岬。6個の小穂がワンセットで扇形に展開、各小穂の長いノギが特徴。

メガルカヤ（雌刈萱） いね科

Themeda triandra Forssk. var. japonica (Willd.) Makino

■花期：9、10月頃　■分布：日本全土

草本

メリケンカルカヤ（米利堅刈萱）　いね科

Andropogon virginicus L.

■花期：9、10月頃　■分布：関東以西

　メリケンカルカヤはアメリカからきたカルカヤの意味。各地で白く光る穂をなびかせ、逆光下では結構な秋の風情を醸し出すが、外来生物法により要注意外来生物に指定されている。**アキノノゲシ**（次頁）は人里から山野の路傍等に普通な大形の多年草。葉は次頁写真下のように、羽状に切れ込むのと切れ込まない2形がある。茎や葉を折ると白い乳液。花の裏側には薄紫色の筋があり、実は大きくて黒っぽい。

草本

アキノノゲシ（秋の野芥子）　きく科

Lactuca indica L.

■花期：9、10月頃　■分布：日本全土

草本

ナルトサワギク（鳴門沢菊） きく科

Senecio madagascariensis Poir.

■花期：通年　■分布：各地に帰化

　ナルトサワギク（別名**コウベギク**）はマダガスカル島原産、鹿児島県では1990年代頃から広がり始め、各地で道路法面等に群生、増加の一途。有毒植物で繁殖力も強く、特定外来生物に指定。**ヤクシソウ**（次頁）は山野に多い1〜2年草で、茎を折ると白い乳液。葉の基部が茎を抱くのが特徴。開花前と開花後の花はどちらも閉じているが、上向きは開花前のつぼみ、下向きに下がっているのは開花後の閉じた姿。

草本

ヤクシソウ（薬師草）　きく科

Crepidiastrum denticulatum (Houtt.) J.H.Pak et Kawano

■花期：8〜11月頃　■分布：日本全土

サツマシロギク（薩摩白菊）　きく科

Aster satsumensis Soejima

■花期：10〜12月頃　■分布：九州

　サツマシロギクは、鹿児島県本土と宮崎県南部、長崎県の一部に分布する多年草で、従来イナカギクとされていたが、研究の結果新たに独立種として1993年に発表・命名されたもの。鹿児島県本土には非常に多く、人里近くの畑の土手や山地の林縁等至る所に群生している。葉には葉柄がなく、基部がわずかに茎を巻くのが特徴。葉の両面には短毛が密生、花は白色だが、開花時は淡紫色を帯びる。

ナツマノギク（薩摩野菊）　きく科

Chrysanthemum ornatum Hemsl.

■花期：11、12月頃　　■分布：熊本・鹿児島

　薩摩の名を冠した風格漂う見事な「野菊」の一種。九州特産で、熊本県の天草・牛深と鹿児島県のみに産する。出水市・荒崎〜坊津にいたる南西海岸一帯と甑島や宇治群島が主産地で南は屋久島まで分布する。海岸岩場や道路脇の崖地に繁茂、花の径は3〜5cmと大きく、葉裏は真っ白い綿毛で覆われ銀白色。深緑色の葉が白く縁取られるのもナツマノギクならではの特徴。

シマカンギク（島寒菊） きく科

Chrysanthemum indicum L.

■花期：10～12月頃　■分布：四国・九州、中国地方

シマカンギク（別名**ハマカンギク**）は晩秋〜初冬が開花期で花は黄色、坊津・秋目など薩摩半島西海岸には多い。葉は5裂し縁が細かく切れ込む。さわるとべとつき感がある。**ノジギク**（次頁）は日本特産種で、鹿児島県では薩摩・大隅両半島の南岸部に多く、種子島が南限。サツマノギクより小振りで葉裏は緑白色。**ヤマジノギク**も沿岸部の丘陵地等に多い。花は淡青色、茎は剛毛で著しくざらつくのが特徴。

調べてみよう ヤマジノギク

草本

ノジギク（野路菊）　きく科
Chrysanthemum japonense (Makino) Nakai

■花期：10～12月頃　　■分布：四国・九州、中国地方

冠毛

ヨメナ（嫁菜） きく科

Aster yomena (Kitam.) Honda

■花期：7〜10月頃　■分布：本州中部以西

　ヨメナは人里の路傍や耕作地周辺、あぜ道等によく生える。花は清楚でいかにも「野菊」の趣。地下茎が発達して群生、葉の表面は平滑、鋸歯は粗く、苞は卵形、冠毛は0.5mmと短くごくわずか。**ツワブキ**（次頁）は福島〜琉球列島に分布する常緑の多年草。地下の茎から長い葉柄を伸ばし、頂部に光沢を帯びた丸い葉。若い葉柄は春の煮染めに欠かせない。晩秋〜初冬に鮮やかな黄色い頭花。花には芳香。

調べてみよう　ペラペラヨメナ　ノコンギク

草本

ツワブキ（石蕗） きく科

Farfugium japonicum (L.) Kitam.

■花期：10〜12月頃　■分布：福島・石川県以西

つる植物

スズメノエンドウ（雀野豌豆）　まめ科

Vicia hirsuta (L.) Gray

■花期：4、5月頃　■分布：本州〜沖縄

　スズメノエンドウは土手等に生える小形の一年草。薄紫色の花が4個ほどつき、鞘の中には種子が2個。**ヤハズエンドウ**（別名**カラスノエンドウ**）（次頁）は前者より大きくて、小葉の先端が凹んで矢筈（矢の末端部分）形。花は1〜3個と少なく、鞘の中には種子が10個前後。**カスマグサ**（次頁）は種子が4個ほど、カラスノエンドウとスズメノエンドウの中間、カとスの間でカスマ→カスマグサに。

つる植物

ヤハズエンドウ（矢筈豌豆）　まめ科
Vicia sativa L. subsp. nigra (L.) Ehrh.
■花期：3〜6月頃　■分布：本州〜沖縄

カスマグサ（かす間草）　まめ科
Vicia tetrasperma (L.) Schreb.
■花期：4、5月頃　■分布：本州〜沖縄

ヤマフジ（山藤） まめ科

Wisteria brachybotrys Siebold et Zucc.

■花期：4、5月頃　■分布：近畿地方以西〜九州

　ヤマフジは山野に自生するつる植物で、春に紫色の花房が下がるが、花房は20cm前後と短いのが特徴。茎は、巻きついた軸の手前側を右上がりに斜上、上から見ると左巻きに伸びる。栽培の**ノダフジ**はこれと逆方向に巻きつき、花房が1mにもなる。**ナツフジ**（次頁）は人里周辺や低山地のやぶ等に生える。夏に黄白色で小振りな房状の花をつけるが、葉も薄くて小振り。いずれも日本固有種。

つる植物

雄性期
雄性期へ

ナツフジ（夏藤） まめ科

Visteria japonica Siebold et Zucc.

■花期：7、8月頃　■分布：関東南部以西

つる植物

ナワシロイチゴ（苗代苺）　ばら科

Rubus parvifolius L.

■花期：5、6月頃　　■分布：日本全土

　ナワシロイチゴは全国に分布する落葉低木で、茎はつる状に伸びる。畑の土手等にごく普通で身近なイチゴの代表種。開花時、花の頂部に閉じて上にわずかな隙間、そこからからにたくさんの雌しべが外へ頭を出し、受粉待ち受け態勢の雌性期先行。花の横には隙間があるが、雄しべは中に閉じこめられたまま。やがて頂部が裂開し、雄しべがあふれ出て雄性期へ。自家受粉回避の巧妙な仕組み。

つる植物

ノイバラ（野茨） ばら科
Rosa multiflora Thunb.
花期：5、6月頃　■分布：北海道〜九州・種子島・屋久島

人里周辺のやぶや川べりなどに茂り、春に白い花、秋に赤い実。

テリハノイバラ（照り葉野茨） ばら科
Rosa luciae Rochebr. et Franch. ex Crèp.
花期：6、7月頃　■分布：本州〜沖縄

海岸岩場から高所の山地まで生え、葉に強い光沢、茎にはトゲ。

調べてみよう　ウスアカノイバラ　ヤブイバラ

つる植物

雌性期

スイカズラ（吸い葛）　すいかずら科

Lonicera japonica Thunb.

■花期：5〜7月頃　■分布：北海道〜九州・種子島・屋久島

　開花期は芳香が漂い、花の底には甘い蜜。昔の子ども達はこの花を口にくわえて蜜を吸った。それで「吸い葛」。英名もHoneysuckle（「甘い蜜」、「乳を飲む」等の意味）。白い花が黄色に変わるため白と黄色の花が同居、そこから「金銀花」の呼び名も。雄しべ雌しべの動きや花の色変わり等についても観察すると面白い。類似種に山間部に多い**キダチニンドウ**や沿岸地に生える**ハマニンドウ**がある。

調べてみよう　キダチニンドウ　ハマニンドウ

つる植物

アケビ（木通） あけび科
Akebia quinata (Houtt.) Decne.

●花期：4、5月頃 ●分布：本州〜九州・種子島・屋久島

　雌雄同株。同じ株にたくさんの雄花と雌花が垂れて咲く。雌花は大きな花びら状のがくの中央に棒状の雌しべが放射状に開き、雄花は花びらが小さめで雄しべがミカンの実のように曲がっている。葉は5枚の小葉が指を広げた手のひら状の「掌状複葉」。実が熟すと縦に裂開するので「開け実」、それが転訛してアケビ。透明感のあるゼリー状の果肉はトロリと甘くて美味、タネ無しならば言うこと無し。

調べてみよう ゴヨウアケビ

ムベ（郁子）　あけび科

Stauntonia hexaphylla (Thunb.) Decne.

■花期：4、5月頃　■分布：関東南部〜奄美群島

　天智天皇が近江に行幸された折、長寿の秘訣を問われた老夫婦が差し出したのがムベ。そのおいしさに感じ入った天皇が「宜（むべ）なるかな（＝なるほど）」と言われたのが由来とか。その真偽はともかく、漢字名の「郁子」の由来は皆目不明。アケビ同様雌雄同株で雌雄異花、花期に雄花・雌花の見極めに挑戦しても面白い。晩秋、実は子供のほっぺたのような色に熟すが裂開しない。果肉は極上の甘み。

つる植物

ミツバアケビ（三つ葉木通）　あけび科
ebia trifoliata (Thunb.) Koidz.
■花期：4、5月頃　■分布：北海道〜九州

アケビより高い山地に多く、葉は3出複葉、小葉の縁は波打つ。

茎と実

ヤエムグラ（八重葎）　あかね科
alium spurium L. var. echinospermon (Wallr.) Desp.
■花期：5、6月頃　■分布：日本全土

人家周辺に普通。茎は角張り、稜にはトゲ、節には葉が輪生する。

225

グンバイヒルガオ（軍配昼顔）　ひるがお科

Ipomoea pes-caprae (L.) Sweet

■花期：5〜8月頃　■分布：九州以南

　熱帯〜亜熱帯にかけて広範に分布する典型的な海浜植物で、砂浜に大群落を形成するつる植物。日本では九州中南部以南に分布、鹿児島県は多い。山形県や茨城県でも漂着した種子が発芽・開花したという記録もあるようだが、冬には枯死するらしい。葉の先端が凹入し、相撲の行司が持つ軍配に似ていることからこの名前。高知県での越冬記録もあり温暖化の影響じわりか？

つる植物

ノアサガオ（野朝顔）　ひるがお科
Ipomoea indica (Burm.) Merr.
花期：6〜12月頃　　■分布：伊豆半島以南

　ノアサガオは沿岸部に多い。花は一日花で、青色の花が午後には紅色に変わる。葉はハート形で丸く、花柄途中には2枚の小さな苞葉が対生している。花を包むがく裂辺は反らずに細くてほぼ無毛。**ハマヒルガオ**（次頁）はグンバイヒルガオより葉も花も一回り小さい。海浜から海岸近くの荒れ地や道路端等に広がる。花はロート形で淡いピンク色、葉は互生で基部がハート形に凹む腎円形。

つる植物

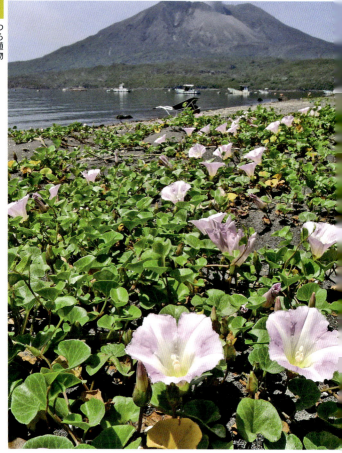

ハマヒルガオ（浜昼顔）　ひるがお科

Calystegia soldanella (L.) R.Br.

■花期：5、6月頃　■分布：日本全土

つる植物

ミジバヒルガオ（紅葉葉昼顔）　ひるがお科
Ipomoea cairica (L.) Sweet
■花期：6〜12月頃　　■分布：天草、屋久島以南

屋久島や奄美群島以南では道路脇に広範に繁茂、名前は葉の形から。

アメリカネナシカズラ（亜米利加根無葛）　ひるがお科
Cuscuta campestris Yuncker
■花期：7〜10月頃　　■分布：北海道〜九州

海岸砂丘等で他の植物に絡みつき枯らしてしまうつる性寄生植物。

調べてみよう　スナヅル　　229

ハマゴウ（浜栲）　しそ科

Vitex rotundifolia L.f.

■花期：7〜9月頃　■分布：本州以南

　ハマゴウは海岸に生育するほふく性の常緑小低木。茎は地中を横走
途中で小枝が次々と立ち上がり、枝先に紫色の花房。全体に香気があ
り、抹香を作ったので浜香、それが転じてハマゴウ。**ネコノシタ**（別
名**ハマグルマ**）（次頁）は海岸に群生するきく科のつる性多年草。葉が
分厚くてざらつくことから「猫の舌」。**アメリカハマグルマ**（次頁）は
熱帯アメリカ原産。葉は矛形に浅く３裂し、光沢を帯びて分厚い。

つる植物

ネコノシタ（猫の舌）　きく科
elanthera prostrata (Hemsl.) W.L.Wagner et H.Rob.
花期：7～11月頃　■分布：関東以西

アメリカハマグルマ（亜米利加浜車）　きく科
sphagneticola trilobata (L.) Pruski
花期：通年　■分布：九州南部以南

調べてみよう　キダチハマグルマ

つる植物

ハマサルトリイバラ（浜猿捕茨）　さるとりいばら科

Smilax sebeana Miq.

■花期：4、5月頃　■分布：九州以南

　ハマサルトリイバラは鹿児島県には多く海岸林等で容易に見つかる。葉の3〜5脈が目立ち、若い葉や茎は粉白色、茎にトゲが殆どないのが特徴。常緑で実は黒熟する。**サルトリイバラ**（次頁）は「かからん団子」で親しまれる雌雄異株のつる性木本で、猿もその強いトゲに捕らわれてしまう、というほどに全体に強いトゲがある。秋に真っ赤な実、単子葉類だが葉は網状脈。

つる植物

雄花　雌花　実

サルトリイバラ（猿捕茨）　さるとりいばら科

milax china L.

■花期：4、5月頃　■分布：北海道〜九州

ボタンヅル（牡丹蔓）　きんぽうげ科

Clematis apiifolia DC. var. *apiifolia*

■花期：8、9月頃　■分布：本州〜九州

　ボタンヅルは日当たりのよい山野の藪等に生えるつる性多年草で真っ白い4弁花をつける。葉は3枚の小葉からなる3出複葉。小葉の縁には大きな粗い切れこみがあり、牡丹の葉に似る。**センニンソウ**（次頁）は前種と同じ仲間で原野に多く、葉は通常5枚の小葉からなる複葉で、花もよく似る。熟した種子につく白い長毛を仙人の髭に見立てた名前。「馬食わず」の名もある有毒植物。

つる植物

センニンソウ（仙人草）　きんぽうげ科

Clematis terniflora DC.

■花期：8、9月頃　■分布：北海道〜九州

閉鎖花の実

ヤブマメ（藪豆）　まめ科

Amphicarpaea bracteata (L.) Fernald subsp. edgeworthii (Benth.) H.Ohashi var. japonica (Oliv.) H.Ohash

■花期：7〜9月頃　■分布：関東〜九州

　ヤブマメは道路端の藪などに生えるつる性の一年草。葉は3出複葉で、小葉は幅広い菱形状卵形。扁平な豆菓は長さ3cmほどでさやの縁に長毛が密生している。地下に閉鎖花をつけ、径1cm弱の実をつけるのも本種のかくれた特徴。**ツルマメ**（次頁）は小葉が細長い楕円形、特に中央の小葉は5cmほどと長く、豆菓の表面全体に毛が密生するのが特徴。本種は大豆の原種とされる。

つる植物

ツルマメ（蔓豆） まめ科

Glycine max (L.) Merr. subsp. soja (Siebold et Zucc.) H.Ohashi

■花期：7～9月頃　■分布：北海道～九州

つる植物

種子

カラスウリ（烏瓜） うり科

Trichosanthes cucumeroides (Ser.) Maxim. ex Franch. et Sav.

■花期：7、8月頃 ■分布：東北地方〜九州

　人里や耕作地周辺の道路脇等に多いつる性の多年草。葉には短毛が密生し柔らかい手触り。花は日没後開花し翌朝早くにはしぼんで散ってしまう。実には縦縞が入り俗に「うり坊（＝縦縞模様のイノシシの子）」の愛称、秋には朱色に熟し風情を醸す。また、夏の夜にはカラスウリ開花の観察もおすすめ。一糸乱れぬ展開の様子や、至高の芸術品を目の当たりにできて座席はフリー、観覧料は無料！

葉

キカラスウリ（黄烏瓜）　うり科
Trichosanthes kirilowii Maxim. var. *japonica* (Miq.) Kitam.

■花期：7、8月頃　■分布：北海道〜九州

　実が黄色く熟すのでキカラスウリ。前種とよく似るが、実が大くとも本種の葉面はほぼ無毛で光沢があるので区別できる。人肌に優しい成分含まれで、実はアカギレの薬とされ、根は赤ちゃんの肌に優しい天瓜粉（ベビーパウダー）の原料にされる。花も前種とよく似るが、やや肉厚感があり、切れこみなど花の繊細さは今一カラスウリに及ばない。翌日の昼頃まで咲いているのも結構多い。

調べてみよう　オオカラスウリ　モミジカラスウリ

つる植物

ヤブガラシ（藪枯し）　ぶどう科

Gynostemma pentaphyllum (Thunb.) Makino

■花期：6〜8月頃　　■分布：日本全土

　ヤブガラシは人里やその周辺などに多いつる植物。藪を枯らしてしまうほど繁茂するカズラの意味（＝さほどに繁殖力が強い）、別名**ビンボウカズラ**。よく似た**アマチャヅル**は葉面に立毛がありざらつく。**クソカズラ**（次頁）は葉に異臭があり何ともはやの名前だが花は美しい。花の外面にはビロード状の短毛、内面には長毛が密生。葉のつけ根に一対の小さな「葉間たく葉」。これは例の少ない珍しい特徴。

つる植物

花内部　　　　　　　　　　　　　葉間たく葉

ヘクソカズラ（屁糞葛）　あかね科

Paederia foetida L.

■花期：7～9月頃　　■分布：日本全土

つる植物

ノササゲ（野大角豆） まめ科

Dumasia truncata Siebold et Zucc.

■花期：8、9月頃 ■分布：本州〜九州

　ノササゲは林縁等に生えるつる性多年草。葉の中央によく白斑がある。秋、黄色い花が紫色の豆果に、やがて殻はねじれて裂開、藍色の種子は殻の縁につき鳥たちを待つ。**シバハギ**（次頁）は明るい草地に生える草本状の半低木。茎は地を這うが他物に絡まることはない。タイワンツバメシジミ（絶滅危惧Ⅰ類）の食草。**ネコハギ**（次頁）も地を這う。全体に毛深く、猫の足の肉球を思わせる柔らかさ。

つる植物

·バハギ（芝萩） まめ科
smodium heterocarpon (L.) DC.
花期：8〜10月頃　■分布：静岡県以西〜沖縄

ネコハギ（猫萩） まめ科
spedeza pilosa (Thunb.) Siebold et Zucc.
花期：7〜9月頃　■分布：本州〜九州

つる植物

クズ（葛） まめ科

Pueraria lobata (Willd.) Ohwi

■花期：8、9月頃　■分布：北海道〜奄美群島

　大形の多年生つる植物で林縁等に大群落を形成。厄介視される一方で、森林内部の乾燥防止や表土の流出防止という重要な役割も果たす。根からは良質のデンプンがとれ、くず餅などの原料に、また、薬品の原料ともされる。葉は強い日射しにさらされると乾燥防止のため開閉運動をするが、葉柄基部の膨らみが関与する。豆果は毛むくじゃらで意外と小さい。シロバナもごく稀にある。

つる植物

ママコノシリヌグイ（継子の尻拭い）　たで科

Persicaria senticosa (Meisn.) H.Gross

■花期：6〜9月頃　■分布：日本全土

やや湿った林縁や耕作地周辺のやぶ等に生えるつる性の一年草。茎は四角形で角張り、赤みを帯びる。茎の角には下向きの強いトゲ、葉柄や葉の裏面葉脈上にも強いトゲがある。花はピンクの両性花、葉はソバの葉に似て三角形で基部は円形に凹入、両端部は横に張り出す。茎の節には円形の托葉。おぞましい「継子いじめ」を連想させるこの名を敬遠し、**トゲソバ**の別名もある。

調べてみよう　イシミカワ

つる植物

テイカカズラ（定家葛）　きょうちくとう科
Trachelospermum asiaticum (Siebold et Zucc.) Nakai

■花期：5、6月頃　■分布：本州〜九州

　テイカカズラは人里から山地までごく普通。歌人藤原定家が、恋し慕う皇女の墓にツタとなって絡みついたという由来話がある。風車のような白い花、葉には光沢がありよく紅葉が混じる。**オオイタビ**（次頁）は人家の石垣などに茂っている常緑のつる性木本。茎や葉を折ると白い乳液、イチジクのような実をつける。**ハスノハカズラ**（次頁）は常緑で雌雄異株。葉柄がハスの葉のように盾状につく。

調べてみよう　ヒメイタビ　イタビカズラ

つる植物

オオイタビ（大木蓮子・大崖石榴） くわ科
Ficus pumila L.
■花期：5〜7月頃　■分布：関東南部以西

ハスノハカズラ（蓮の葉葛） つづらふじ科
Stephania japonica (Thunb.) Miers
■花期：7〜9月頃　■分布：本州西部〜沖縄

つる植物

イタドリ（虎杖・痛取）　たで科

Fallopia japonica (Houtt.) Ronse Decr. var. japonica

■花期：8～10月頃　■分布：北海道西部～九州

　イタドリは山野に普通な雌雄異株の大形多年草で、溶岩原等にいち早く侵入する。枝はややつる状に長く伸び、真っ白い雄花は上向きに、雌花はやや重そうに咲く。花の赤い**メイゲツソウ**もある。**ツルソバ**（次頁）は人里や周辺に普通。茎はぬめり、実は透明なゼリー状果肉、黒い種子が透けて見える。**ヒメツルソバ**（次頁）はヒマラヤ原産、コンペイトウのような花と葉のＶ字形斑紋が特徴。人家の石垣等に目立つ。

つる植物

ツルソバ（蔓蕎麦） たで科
Persicaria chinensis (L.) H.Gross
■花期：暖地はほぼ通年　■分布：本州〜沖縄

ヒメツルソバ（姫蔓蕎麦） たで科
Persicaria capitata (Buch.-Ham. ex D.Don) H.Gross
■花期：ほぼ通年　■分布：本州〜九州

つる植物

ヤマノイモ（山の芋） やまのいも科

Dioscorea japonica Thunb.

■花期：7〜9月頃　■分布：北海道〜九州

　ヤマノイモは雌雄異株。上方へ立って咲くのが雄花、下へ垂れて咲くのは雌花。実には3枚の翼があり中に種子、種子には円盤状の翼がありUFOみたい。**オニドコロ**（次頁）の葉は薄くてハート形。実は厚で縦長、垂れた軸に上向きにつく。**カエデドコロ**（次頁）も雌雄異株だが雌株は少ない。雄株は黄色い花が密集して目立つ。葉は3〜裂し中央裂片が大、葉柄基部に1対のトゲ状突起がある。

250

つる植物

オニドコロ (鬼野老) やまのいも科
Dioscorea tokoro Makino
花期：7、8月頃　■分布：日本全土

突起

カエデドコロ (楓野老) やまのいも科
Dioscorea quinquelobata Thunb.
■花期：7、8月頃　■分布：本州中部〜沖縄

つる植物

突起

ヒメドコロ（姫野老）　やまのいも科

Dioscorea tenuipes Franch. et Sav.

■花期：7、8月頃　■分布：関東地方〜沖縄

　ヒメドコロは同属の他種と比べ非常に少ない。葉の中央部が狭まった独特な形の長三角形で、葉柄基部に1対の小突起がある。**ニガカショウ**（別名**マルバドコロ**）（次頁）は山野に普通で雌雄異株だが雌株は少ない。大きく丸い葉が特徴、葉脈も大きくカーブする。葉柄上部に翼がある。直径数cmの大きなムカゴをつけるが、苦みが強い。因みに、オニドコロ・カエデドコロ・ヒメドコロにムカゴはつかない。

つる植物

雌花 雄花 葉柄の翼

ニガカシュウ （苦何首烏） やまのいも科

Dioscorea bulbifera L.

■花期：8～10月頃　■分布：関東以西～沖縄

ゲンノショウコ（現之証拠）　ふうろそう科

Geranium thunbergii Siebold ex Lindl. et Paxton

■花期：8〜10月頃　■分布：北海道〜九州

　山野に普通な多年草。昔から「医者いらず」と呼ばれ、センブリやドクダミなどと同様民間薬として重宝された。下痢止めにすぐ効果が現れるということから「現之証拠」。秋に紅紫色の花を通常2個ずつつける。葉は中〜深裂、下半部の葉柄は長く茎は多毛。実は熟すと果皮がくるっと巻き上がって幻想的なキャンドルに変身。しかし、筆者が驚いたのはゲンノショウコの花の秘密、それが次頁。

花には雌しべと雄しべがあり……、と理科の時間に習ってすっかり定着した花の模式図。ところが、多くの花で雄しべと雌しべの出現時期や活性期が微妙にズレる。おしべが花粉を出す時期（雄性期）があり、やがて雄しべは隆壇、雌しべが伸びて柱頭が裂開、受粉待ち受け態勢の雌性期へと移行（これと逆順の花もある）。自家受粉を避ける驚くべき工夫と動き。しかも数多い。（拙著『植物観察図鑑』参照）

つる植物

エビヅル（蝦蔓） ぶどう科

Vitis ficifolia Bunge

■花期：6〜8月頃　■分布：日本全土

　エビヅルは雌雄異株で秋には紅葉。若い葉や茎、特に葉裏には茶色の綿毛が密生、「エビ茶色のツル植物」で名前は覚えやすい。小さなブドウのような実が房状に垂れ、秋に黒熟し食べられる。**ノブドウ**（次頁）は雌雄同株で全体ほぼ無毛。実は淡紅紫色〜藍色へと色変わりしてきれいだが有毒。径が1cmほどの大きな「実」に見えるのは肥大した虫コブ。葉が深裂するのは**キレハノブドウ**。

つる植物

キレハノブドウ

ノブドウ（野葡萄）　ぶどう科

mpelopsis glandulosa (Wall.) Momiy. var. *heterophylla* (Thunb.) Momiy.

■花期：7、8月頃　■分布：日本全土

ホウロクイチゴ（焙烙苺） ばら科
Rubus sieboldii Blume
■花期：4〜6月頃　■分布：本州中部以西〜沖縄

暖地沿岸部に多く、径20cmもの光沢のある大きな葉をつける。

フユイチゴ（冬苺） ばら科
Rubus buergeri Miq.
■花期：8〜10月頃　■分布：関東以西〜九州

山陰の道路脇等にごく普通。夏〜秋に花、晩秋〜冬に実は赤熟。

つる植物

ツルウメモドキ（蔓梅擬） にしきぎ科
Celastrus orbiculatus Thunb. var. *orbiculatus*
花期：5、6月頃　■分布：日本全土

晩秋、熟した実は果皮が黄変、3裂し、種子4個が顔を出す。

テリハツルウメモドキ（照葉蔓梅擬） にしきぎ科
Celastrus punctatus Thunb.
花期：4、5月頃　■分布：山口、九州以南

海岸林等に多く、実も葉も小形、葉に光沢があるので「テリハ」。

つる植物

ツタ（蔦） ぶどう科
Parthenocissus tricuspidata (Siebold et Zucc.) Planch.
■花期：6、7月頃　■分布：北海道〜九州

山地の樹木や建物の壁等に這い、晩秋に紅葉、吸着根がある。

花と実

キヅタ（木蔦） うこぎ科
Hedera rhombea (Miq.) Bean
■花期：10〜12月頃　■分布：北海道〜沖縄

盛んに気根を出して這い伝って繁茂、葉は緑が濃く、実は黒熟。

つる植物

カキドオシ（垣通し） しそ科
Glechoma hederacea L. subsp. grandis (A.Gray) H.Hara
■花期：4、5月頃　■分布：北海道～九州

垣根をくぐって隣家へ→「垣通し」、別名「疳取草（カントリソウ）」。

ツボクサ（壺草・坪草） うこぎ科
Centella asiatica (L.) Urb.
■花期：6～8月頃　■分布：新潟県以南～沖縄

前種と葉は似るがカキドオシの茎は四角形、本種の茎は丸い。

261

カナムグラ（鉄葎） あさ科
Humulus scandens (Lour.) Merr.
■花期：9、10月頃　■分布：日本全土

茎は赤味を帯び、強靭で下向きのトゲ、葉は掌状に切れ込み対生。

フウトウカズラ（風藤葛） こしょう科
Piper kadsura (Choisy) Ohwi
■花期：4、5月頃　■分布：関東以西〜沖縄

暖地沿岸部に多い。葉は暗緑色で節から発根、樹木に這いのぼる。

イワニガナ（岩苦菜） きく科
Ixeris stolonifera A.Gray
■花期：4〜7月頃　■分布：日本全土

地表を被うので**ジシバリ**（＝地縛り）とも。茎を折ると白い乳液。

裏面

ツルナ（蔓菜） はまみずな科
Tetragonia tetragonoides (Pall.) Kuntze
■花期：6〜9月頃　■分布：北海道西南部〜沖縄

海岸に生える肉厚の多年草で葉は密毛でざらつく。若芽は山菜に。

つる植物

ヘビイチゴ（蛇苺）　ばら科

Potentilla hebiichigo Yonek. et H.Ohashi

■花期：5、6月頃　■分布：日本全土

　日本全土に普通なつる性多年草で、山陰のやや湿った草地等に普通。茎は地を這い、葉は3出複葉。春から夏早くに鮮やかな黄色い花をつけ、果実は真っ赤に熟す。が、けばけばし過ぎる色のせいか、あるいはこの名前のせいか、見ても食欲はそそらない。実際食べてもおいしくない。小さな粒々（本当の果実）表面には更に微小突起がある。一回り大きな**ヤブヘビイチゴ**に微小突起はない。

調べてみよう　ヤブヘビイチゴ

雄花

雌花

つる植物

サネカズラ（実葛）　まつぶさ科
Kadsura japonica (L.) Dunal

花期：8月頃　■分布：本州（関東以西）～九州

　常緑のつる性木本で、雌雄異株も雌雄別株もある。濃緑色の葉は肉厚で光沢があり、互生する。夏に開花、雄花の中心部には赤い雄しべが、雌花の中心部には緑色の雌しべがびっしりとついている。果実は集合果で初冬に赤く熟す。中心の果床外側に球状の小果がややまばらにつく。実が美しいので「実葛」の名に。茎の粘液を水に溶かし整髪料としたので**ビナンカズラ**（美男蔓）の別名がある。

つる植物

胞子嚢

カニクサ（蟹草） かにくさ科

Lygodium japonicum (Thunb.) Sw.

■花期：－－　■分布：本州（関東以西）〜九州

　カニクサは垣根などで見かけるつる性のシダ植物。葉は複葉で、裂片が少し幅広い栄養葉と、細かに切れ込み裂片先端部に胞子嚢をつけた胞子葉がある。茎に見えるのは葉軸で、地上部全体が1枚の大きな葉。次頁の**ミズスギ**と**ヒカゲノカズラ**もつる性のシダ植物で、茎には短く細い針状の葉が密生。前者は枝先に垂れるように胞子嚢穂。後者は霧島山等の高所に生え、直立する小枝先端部に胞子嚢穂。

つる植物

ミズスギ（水杉）　ひかげのかずら科
copodiella cernua (L.) Pic.Serm.
■花期：－－　■分布：伊豆半島～沖縄

ヒカゲノカズラ（日陰蔓）　ひかげのかずら科
ycopodium clavatum L.
■花期：－－　■分布：北海道～奄美大島

ヤマザクラ（山桜） ばら科

Cerasus jamasakura (Siebold ex Koidz.) H.Ohba

■花期：3月頃　■分布：本州〜四国、九州

　ソメイヨシノに先立ち、3月の山々を点々と白い花で染め、春の到来を告げてくれる。日本を代表する野生の桜で、楚々とした花の味わいは格別。花と葉が同時に展開、花が先に展開するソメイヨシノとの簡易な区別点となる。花柄やがくは無毛（＝写真左下）というのも大事な特徴。新芽も無毛で、葉の縁には規則正しい細かな鋸歯が並ぶ。北海道には分布せず、南はトカラ列島の諏訪之瀬島まで。

ソメイヨシノ（染井吉野） ばら科

Cerasus x yedoensis (Matsum) A.V.Vassil.

■花期：3、4月頃　■分布：全国各地に植栽

　サクラといえばソメイヨシノ、エドヒガンとオオシマザクラの交雑種で、全国各地に名所がある。葉に先立ち花が開花、花が密にかたまってつくのも特徴の一つ。ヤマザクラとは、①花柄やがくに毛が多い（＝写真左上）、②葉には不規則な2段階構造の重鋸歯がある、等の点で区別できる。サクラ共通の特徴は、1個の花芽から3本の花柄、花弁先端は浅く割れ、葉柄上端部には2個の粒状蜜腺、樹皮には皮目、等。

調べてみよう　エドヒガン

コガクウツギ（小額空木） あじさい科

Hydrangea luteovenosa Koidz.

■花期：4～6月頃　■分布：東海地方～九州・種・屋久島

　山地の道路脇などに多い高さ1～2mほどの落葉低木。初夏、目に染みるような真っ白い「花」をつけるが、白い花弁に見えるのは大きながく片で、本当の花は中心部にあり、小さな5枚の花弁と雄しべ雌しべがある。大きながく片を花の外側に配置し、虫の目を引いて誘導しようという作戦。このように虫寄せ作戦で大きく飾り付けした花を装飾花という。近寄ればむせるような春の匂いがする。

木本

マルバウツギ（丸葉空木）　**あじさい科**

Deutzia scabra Thunb.

■花期：4、5月頃　■分布：関東～九州

　桜の花見もピークを過ぎ、慌ただしさも一段落。春の陽気に誘われてお出かけ。この時期、車窓から見える道路脇の土手や崖などに多い白い花は先ずこのマルバウツギ。やや乾燥気味の道路脇の斜面等に生え、葉は対生、卵形でやや丸っこく、枝の中は中空なので「丸葉空木」。枝先に白い小さな花がびっしりとつく。唱歌で「卯の花の匂う垣根に～♪」と歌われているのは**ウツギ**で葉は本種より細い。

調べてみよう　ウツギ

ナガバモミジイチゴ（長葉紅葉苺）　ばら科

Rubus palmatus Thunb. var. *palmatus*

■花期：3、4月頃　■分布：中部地方〜九州

　ナガバモミジイチゴは葉が細長い三角形で、葉面には光沢がある。茎は無毛で全体に硬いトゲ、花は大輪で真っ白、実は黄色く熟して美味。**ヒメバライチゴ**（次頁）は小葉が細長くて先が尖り、小枝はやゝつる状に伸びる。葉の裏面には腺点が密にある。実は赤熟して美味。**クサイチゴ**（次頁）は全体に軟毛が密生し手触りも「草」みたい。落葉小低木で茎にはトゲがあり、花は大輪で純白、実は赤熟し美味。

木本

ヒメバライチゴ（姫薔薇苺） ばら科
Rubus minusculus H.Lév. et Vaniot
■花期：4、5月頃　■分布：千葉県〜四国、九州

クサイチゴ（草苺） ばら科
Rubus hirsutus Thunb.
■花期：4、5月頃　■分布：本州〜九州

クスノキ（楠） くすのき科

Cinnamomum camphora (L.) J.Presl

■花期：5、6月頃　■分布：関東地方〜九州・種子島・屋久島

　新緑が美しく街路樹等によく植栽、鹿児島県の県木でもある。各地の神社仏閣にはよく巨木があり、圧倒的存在感を示す。枝や葉は防虫剤や医薬品の原料にされ、ラテン語の学名にはシナモンとかカンファ等の聞き覚えのある単語が並ぶ。鹿児島県姶良市の蒲生神社には日本最大級のクスの巨木、同吹上町の「千本楠」も超ド級の迫力である。春一番の頃、一夜にして衣替えの早業、春落葉も捨てがたい趣がある。

ヤブニッケイ（藪肉桂） くすのき科
Cinnamomum yabunikkei H.Ohba

■花期：6、7月頃 ■分布：福島県以西の本州～沖縄

　枝や葉に油分が多くてよく燃え、昔から薪炭用に利用されてきた。人家の裏山や人里周辺に多いのもその名残。樹皮は黒っぽく、光沢を帯びた葉には3本の大きな主脈が目立つ（3行脈）。裏面は緑白色で無毛。ニッケイとよく似るが、さほど香りは強くなく、葉を噛んでもぴりっとしない。葉のつき方が右右左左と2組ずつ互生するのは面白い特徴で、**ニッケイ**の葉も同様の葉序。頂芽は無毛。

木本

アオモジ（青文字） くすのき科

Litsea cubeba (Lour.) Pers.

■花期：3、4月頃　■分布：九州西回り沿岸地に多い

　種子島で聞いた話。卒業式の頃に満開となることから、土地では「授与式花」と呼ばれるという。また、この時期は野も畑もまだ一面の枯れ野が広がっている。「火の用心」「火の用心」とつぶやきながらの野良仕事。見上げれば満開のアオモジの花。いつしか「火用心の花」の呼び名に。多くの木々や草花が、その土地や暮らしに溶け込んで今に伝わる。鹿児島ではミノハナの方名がよく通る。

木本

キブシ（木五倍子）　きぶし科

Stachyurus praecox Siebold et Zucc.

■花期：3、4月頃　■分布：北海道～九州

　キブシは内陸部の林縁等によく出てくる高さ4、5mの落葉低木。春にたくさんの花房が垂れ下がり趣がある。葉は互生し、縁には波打つような尖った鋸歯、先端は尾状に細長く伸びて尖る。暖地沿岸部に多いナンバンキブシは、キブシより枝も太く葉や実も一回り大きい。しなやかな枝振りの前者に比べ本種は男性的。鹿児島県西部から佐賀や長崎、福岡など西回りに分布、宮崎、大分には産しない。

ヤマヤナギ（山柳）　やなぎ科

Salix sieboldiana Blume

■花期：3、4月頃　　■分布：近畿～四国、九州

　近畿以西に広く分布する雌雄異株の落葉低木。山地の道路端や林縁等に多く、春先、雄木の枝先には黄色っぽい雄花が、雌木には淡緑色の地味な雌花がつき、「春たけなわ」の光景を演出する。そんな陽気が続いたある日、ヤマヤナギは盛んに白い極小の「綿帽子」を飛ばし辺り一面を乳白色に染める（＝写真右上）。径1㎜ほどの種子の旅立ちである。それを柳絮（りゅうじょ）といい、春の季語にもなっている。

アカメガシワ（赤芽柏）　とうだいぐさ科
Mallotus japonicus (L.f.) Müll.Arg.

■花期：6月頃　■分布：本州〜沖縄

　春の新芽が赤く、葉がカシワの葉のように広い木、という意味。人里周辺の林縁や川縁等に多い木で、雌雄異株。白い雄花は遠目には地味だが、多数の雄しべを放射状に伸ばした球形の雄花は近寄れば別世界のように美しい。雌株にはごつごつとしたコブ状の実がつき、熟すと中から黒い種子。葉身基部の左右に蜜腺があり、よくアリが寄っている（＝写真下中央）。アブラムシ等の防除に共存しているのであろう。

ミヤマキリシマ（深山霧島） つつじ科

Rhododendron kiusianum Makino

■花期：4〜6月頃　■分布：九州各地の高山

　雲仙や久住、阿蘇、霧島山などに自生する名花。満開の時期、山肌はまるで絨毯を敷き詰めたように赤紫色に染まる。新婚旅行で霧島を訪れた牧野富太郎博士が本種の見事さに打たれ1909年に命名したもの。もしこれが他の地で先に発見されていたらと考えると、よくぞ霧島で、と感謝もの。この半世紀近くも前、同じく新婚旅行で同地を訪ねた坂本龍馬もこの花の美しさを手紙で伝えたという。

ヤマツツジ（山躑躅） つつじ科
Rhododendron kaempferi Planch. var. kaempferi
■花期：4、5月頃　■分布：北海道南部〜九州

全国の山野に自生、最も普通で身近なツツジ。花色も濃淡多様。

アセビ（馬酔木） つつじ科
Pieris japonica (Thunb.) D.Don ex G.Don subsp. japonica
■花期：3、4月頃　■分布：東北地方〜九州・屋久島

春にびっしりと白い釣鐘状の花。有毒植物で鹿や牛馬も食べない。

ナワシログミ（苗代茱萸） ぐみ科
Elaeagnus pungens Thunb.
■花期：10、11月頃　■分布：関東地方〜九州

秋に花が咲き、苗代を作る4、5月頃に楕円形の実が赤く熟す。

アキグミ（秋茱萸） ぐみ科
Elaeagnus umbellata Thunb. var. umbellata
■花期：4、5月頃　■分布：北海道〜九州

葉に銀色の光沢。初夏に白い花、実は球形で秋に赤熟し美味。

オオバグミ（大葉茱萸） ぐみ科

Elaeagnus macrophylla Thunb.

■花期：10、11月頃　■分布：本州～沖縄

海岸林に多く、葉は広い卵形で裏面銀白色。別名**マルバグミ**。

ツルグミ（蔓茱萸） ぐみ科

Elaeagnus glabra Thunb.

■花期：10、11月頃　■分布：関東地方～沖縄

常緑のつる性低木で、葉は濃緑色、裏面には濃い赤褐色の鱗片。

雌花

ヤマモモ（山桃）　やまもも科
Morella rubra Lour.
■花期：3、4月頃　■分布：関東～沖縄

　雌雄異株。雄花は枝にびっしり垂れ、雌花は小さい。実は美味。

ホルトノキ（ほるとのき）　ほるとのき科
Elaeocarpus zollingeri K.Koch
■花期：7、8月頃　■分布：千葉県以西太平洋側～沖縄

　葉に紅葉が混じる。名は「ポルトガル」の転訛。公園等に植栽。

ホソバイヌビワ

イヌビワ（犬枇杷）くわ科
Ficus erecta Thunb. var. *erecta*

■花期：4、5月頃　■分布：関東〜沖縄

イヌビワは雌雄異株の落葉小高木で、至る所の山野、川縁等にごく普通。枝や葉を折ると白い乳液が出る。花（花嚢）はイチジクなどと同様の作りで、開いてみると内壁に雄しべや雌しべがびっしり。雄花嚢（内部に雄花と雌花）と雌花嚢（内部は雌花のみ）があり、イヌビワコバチが受粉を媒介。雌花嚢は黒熟して美味、雄花嚢は食べられない。葉が細長い**ホソバイヌビワ**（＝写真左下）も多い。

ハゼノキ（櫨の木）　うるし科

Toxicodendron succedaneum (L.) Kuntze

■花期：5、6月頃　■分布：関東～沖縄

　ハゼノキは低地の山野に多い落葉樹。うっかりこの木の枝や葉など に触ったりすると皮ふにひどいかぶれを起こし、猛烈なかゆみに襲わ れる。木肌はやや赤みを帯びてつぶつぶ感があり、葉は複葉で無毛、 平滑、かすかに蝋質の光沢感が漂う。秋の紅葉は低地で最も鮮やか。 **ヌルデ**は葉軸に翼があるのが特徴で白い花。**ヤマウルシ**は高所の山地 に自生、複葉の基部側ほど小葉は短い。

調べてみよう　ヤマハゼ

木本

ヌルデ（白膠木） うるし科
hus javanica L. var. *chinensis* (Mill.) T.Yamaz.
■花期：8、9月頃　■分布：日本全土

ヤマウルシ（山漆） うるし科
oxicodendron trichocarpum (Miq.) Kuntze
■花期：5、6月頃　■分布：日本全土

センダン (栴檀) せんだん科

Melia azedarach L.

■花期：5、6月頃　■分布：伊豆半島〜沖縄

　センダンは学校によく似合う木である。幹や枝には棘もなく葉も柔らかい緑、薄紫の花は和風の趣満載で優しげ。校庭のど真ん中で大きく枝を張り、どっしりとした存在感を示す巨木センダン。朝な夕なに子らは見上げ、夏には大きな木陰に寄ってくる。木は無言の内に豊かな語りかけをしてくれる。椋鳩十先生がセンダンの推奨者だったと聞く。落葉が進む晩秋、鈴なりの実が鳥を呼ぶ。

ネズミモチ（鼠餅）　もくせい科

Ligustrum japonicum Thunb.

花期：5、6月頃　■分布：本州〜沖縄

　人里や低山地の林縁等によくある常緑の低木。垣根や公園等の植え込みにも利用される。葉がモチノキに、実がネズミの糞に似ることから付いた名前。葉は対生し、ごわごわと硬くて平滑。裏面葉脈はほとんど見えない（＝写真右上）。小枝には多数の皮目というつぶつぶがある。**トウネズミモチ**は大形で軒下を超える高さになり、人家によく植えられている。裏面の葉脈が明らかで前種と区別できる。

ハマボウ（浜朴）　あおい科

Hibiscus hamabo Siebold et Zucc.

■花期：7、8月頃　■分布：関東地方〜九州・奄美大島

　暖地河口付近の塩性湿地に群落を作る落葉樹。マングローブでは最前線にメヒルギなどが陣取り、本種はその後背地に広がる。花は1日花。葉や小枝、果実などは星状毛で厚く覆われてビロード感がある。
　また、果実はよく水に浮き、根もコルク質に覆われ通気性を確保し全体が海流分布や湿地生育に適応した作りとなっている。**オオハマボウ**は種子島や屋久島以南に分布、海岸沿いの陸地に生育。

ネムノキ（合歓木） まめ科

Ibizia julibrissin Durazz.

◀花期：6〜8月頃　■分布：本州〜沖縄

　高さ10m超になる2回羽状複葉の落葉高木。花は十数個の小花の集まりで、午後後半から夕方にかけて開花。個々のがく筒から雄しべ・雌しべのかたまりが顔を出し、数時間かけて展開。花糸一本たりともつれずに展開する様はまさに神業！　エンドウなどのような普通のマメ科の花とは作りも外見も全く異なり、たくさんの雄しべが主役、甘い桃のような香りが漂う一日花。葉は夕方には閉じて就眠。

マルバデイゴ（丸葉梯梧）　まめ科

Erythrina crista-galli L. 'Maruba-deigo'

■花期：5〜11月頃　　■分布：関東以西暖地に植栽

　マルバデイゴは南国鹿児島を彩る景観木の一種で別名**アメリカデイ**ゴ。県内各地の公園や街路等に植栽。ブラジル原産で江戸時代の渡来。3出複葉で小葉が丸みを帯びた長楕円形。**サンゴシトウ**（次頁）はマルバデイゴの交雑種で、葉は菱形、花は深紅色で鳥のくちばしのように細長くカーブ。**カイコウズ**（次頁）は鹿児島の県花で葉が細長く尖る。葉柄の蜜腺、葉柄基部の膨らみ、強いトゲなどは共通。

木本

サンゴシトウ（珊瑚刺桐・珊瑚紫豆）　まめ科
Erythrina x bidwillii Lindl.
花期：5～11月頃　■分布：関東以西暖地に植栽

カイコウズ（海紅豆）　まめ科
Erythrina crista-galli L.
■花期：5～11月頃　■分布：関東以西暖地に植栽

マルバハギ（丸葉萩）　まめ科

Lespedeza cyrtobotrya Miq.
- 花期：8～10月　　■分布：本州～九州

葉は枝に密集してつき、葉柄も花序も短く、花序は葉に隠れ気味。

ヤマハギ（山萩）　まめ科

Lespedeza bicolor Turcz.
- 花期：7～9月頃　　■分布：北海道～九州

花序は葉より長く、花は花枝の先端側にまとまってつくのが特徴。

イタチハギ（鼬萩） **まめ科**
norpha fruticosa L.
花期：5、6月頃　■分布：全国的に植栽・野生化

道路法面の緑化等に移入、野生化した。黒っぽい花穂に類似種無し。

トウコマツナギ（唐駒繋） **まめ科**
ndigofera bungeana Walp.
花期：5〜9月頃　■分布：道路法面緑化に各地で植栽

中国原産の低木、道路法面の緑化や崩落防止用に各地で植栽。

調べてみよう　コマツナギ

イロハモミジ（以呂波紅葉） むくろじ科

Acer palmatum Thunb

■花期：5月頃　■分布：本州（福島県以西の太平洋側）〜九州

　各地の紅葉の名所や神社仏閣等に植栽され、広く親しまれている。深く切れ込んだ葉の裂片をイロハニホ……となぞったのが由来。花には雄性先熟の花と雌性先熟の両方ある。実はプロペラ状、葉は2枚ずつ対になってつくのがこの仲間共通の特徴。霧島山にも7、8種類ほどのカエデが自生しているが、「モミジ」は広く紅葉を意味する言葉、「カエデ」は葉の形を「蛙の手」に見たてた。別名**イロハカエデ**。

ヤツデ（八つ手）　うこぎ科
Fatsia japonica (Thunb.) Decne. et Planch.

■花期：10～12月頃　■分布：福島県以南の本州～沖縄

　ヤツデは縁起のよい木としてよく人家にも植えられる。葉が大きく、昔から「天狗のハウチワ」とも呼ばれていた。名前は八つ手だが、通常幼木は7裂、成木は9裂か10裂しているのが多い。花は球状の集合花で盛りには弾けるような雄しべ満開の両性花。やがて雄しべと白い小さな花弁が脱落し雌しべが出現、自家受粉回避のドラマを繰り広げる。身近な花だが観察すると秘密がいっぱい。

トベラ（扉）　とべら科

Pittosporum tobira (Thunb.) W.T.Aiton
■花期：5、6月頃　■分布：岩手南部〜沖縄

雌雄異株の常緑低木で葉や枝に触ると強い異臭、花には芳香。

ナンキンハゼ（南京櫨）　とうだいぐさ科

Triadica sebifera (L.) Small
■花期：5、6月頃　■分布：公園等に各地植栽

公園等によく植栽、秋には紅葉し白い実が鈴なり。ロウがとれる。

マテバシイ（全手葉椎） ぶな科
thocarpus edulis (Makino) Nakai
■花期：5、6月頃　■分布：紀伊半島〜沖縄

日本の固有種で街路樹等に。葉は長さ20cm、ドングリは3cm超。

アラカシ（粗樫） ぶな科
Quercus glauca Thunb.
■花期：4、5月頃　■分布：宮城・石川県以西〜沖縄

材が堅く農具や木刀に。葉の上半部に粗い鋸歯。裏面緑白色。

マサキ（柾・正木） にしきぎ科

Euonymus japonicus Thunb.

■花期：6、7月頃　■分布：北海道南部〜沖縄

　暖地の海岸林等に自生する常緑低木。沿岸地の集落等では、材が燃えにくいため防火防風を兼ねた垣根としてよく植栽されている。葉に微光沢を帯びた濃緑色で対生、縁には鋸歯がある。小枝も対生して緑色、幹の樹皮にはよく縦縞模様が走る。晩秋、熟した実は裂開し、真っ赤な仮種皮にくるまった種子が顔を出す。名の由来に真青木（まさあおき）の転訛説等がある。

エノキ(榎) あさ科

Celtis sinensis Pers.

■花期．4月頃 ■分布：本州～九州

　本州～九州に広く分布、大隅半島南端の佐多あたりが南限となる落葉高木で、人里やその周辺に多い。木肌が滑りにくく、枝も折れにくいため木登り遊びには格好の木でもある。青い実は竹鉄砲の好材料に、また、赤く熟した実は食べられる。葉は乾燥質でかさつき、葉の上半部に鋸歯がある。葉脈は縁直前でカーブして縁に達しないのが特徴で、よく似た**ムクノキ**の葉脈は縁に達する。

木本

クサギ（臭木）　しそ科

Clerodendrum trichotomum Thunb.

■花期：7〜9月頃　■分布：日本全土

　クサギは人里から高所の山中まで多い落葉小高木。葉をもむと強い臭気があることからこの名前に。若芽は癖のある山菜にもされる。枝先端の新芽部分には毛が密生、雄しべ雌しべは自家受粉回避の特異な動きを見せる。**アマクサギ**（次頁）も暖地では非常に多い。新芽や葉はほぼ無毛で臭気もほとんど無い。**ショウロウクサギ**（次頁）も暖地沿岸地に多く、新芽部分には毛が密生、葉もしわ深い。

アマクサギ（甘臭木） しそ科
Clerodendrum trichotomum Thunb.
花期：7〜9月頃　■分布：九州南部〜沖縄

ショウロウクサギ（しょうろう臭木） しそ科
Clerodendrum trichotomum Thunb. var. esculentum Makino
花期：7〜9月頃　■分布：四国、九州、沖縄

ガマズミ（莢蒾） れんぷくそう科

Viburnum dilatatum Thunb.

■花期：5、6月頃　■分布：北海道〜九州

　ガマズミは全国に分布する落葉低木で、晩秋実は真っ赤に熟す。食べられるが酸味が強く、名も「酸っぱい実」が→スイミ→ズミと転訛したもの。葉の表面は葉脈の彫りが深く、裏面には微細毛が散生、側脈も浮き出る。**ハクサンボク**（次頁）は強い光沢のある大きな葉が特徴で、初夏に白い花をつける。実は晩秋真っ赤に熟し、正月飾りなどに利用される。主産地は九州だが、九州の東側は少ない。

木本

ハクサンボク（白山木）　れんぷくそう科

Viburnum japonicum (Thunb.) Spreng.

■花期：4、5月頃　■分布：伊豆半島〜沖縄

アコウ（榕）くわ科

Ficus superba (Miq.) Miq. var. japonica Miq.

■花期：5月頃　■分布：紀伊半島、山口、四国〜沖縄

　アコウは鹿児島県内各地の沿岸に点在し、巨木が多い。また、景観木として各地の公園や道路沿い等にもよく植えられている。くわ科の半常緑樹で、年に数回、不定期に落葉して衣替え、新芽が吹きだす**ガジュマル**（次頁）も気根が垂れ下がり壮観。アコウより葉が小さく実は真っ赤に色づく。両種はともに巨大な気根で他の樹木に巻き付いて枯らすことから、「絞め殺しの木」とも呼ばれる。

木本

日本一とされるガジュマル

ガジュマル（榕樹） くわ科

Ficus microcarpa L.f.

■花期：4、5月頃 ■分布：種・屋久島以南

ヒサカキ（姫榊・非榊） もっこく科
Eurya japonica Thunb. var. japonica
■花期：3、4月頃 ■分布：本州〜沖縄

山野に多い常緑低木で墓参によく利用、「サカシバ」の通り名がある

ハマヒサカキ（浜姫榊） もっこく科
Eurya emarginata (Thunb.) Makino
■花期：10〜12月頃 ■分布：房総半島〜沖縄

海岸林に多い常緑低木。諸耐性が強く道路分離帯等にもよく植栽。

ヤドリギ (宿り木) びゃくだん科
Viscum album L. subsp. coloratum Kom.

花期：3、4月頃　■分布：北海道〜九州

高木の枝に根を食い込ませて寄生する。雌雄異株で実がべとつく。

ヒノキバヤドリギ (檜葉宿り木) びゃくだん科
Korthalsella japonica (Thunb.) Engl.

花期：春から秋　■分布：関東地方〜沖縄

高さ15cmほどの半寄生植物。扁平で節のある茎が特徴。

調べてみよう　オオバヤドリギ

木本

ヤブツバキ（藪椿） つばき科

Camellia japonica L.

■花期：11〜3月頃　■分布：本州〜南西諸島

　ヤブツバキは人里〜山地まで多い常緑樹で、庭木にも利用されるシイ・カシ・タブ等と並ぶ照葉樹林の主要な構成種。葉には強い光沢樹皮は白っぽくて平滑。分厚い果皮は熟すと裂開し、中の種子がのぞく。この種子から椿油が採れる。花は平開せず、ガクを残して丸ごと落ちる。**サザンカ**（次頁）は、晩秋から初冬にかけて開花、花は一重の5弁花、散るときは花びらが1枚ずつばらけて落ちる。

木本

サザンカ（山茶花） つばき科

Camellia sasanqua Thunb.

■花期：10～12月頃　■分布：山口～四国、九州、沖縄

調べてみよう カンツバキ

スギナ（杉菜）　とくさ科

Equisetum arvense L.

■花期：－－　■分布：北海道〜九州

　スギナとツクシは親子ではなく、同じ根から出ている「兄弟！」。ツクシは春限定で胞子散布の担当。その後に出てくるスギナは光合成担当で全体が継ぎ目だらけ。**ワラビ**（次頁）は原野に生え、くるくるっと巻いた新芽が伸び出す。成葉は羽片頂端の裂片が細長く伸びる。**ゼンマイ**（次頁）も春限定で繁殖担当の胞子葉と光合成担当の栄養葉がある。ツクシ他いずれも春の山菜として楽しめる。

ワラビ（蕨）　こばのいしかぐま科
Pteridium aquilinum (L.) Kuhn subsp. *japonicum* (Nakai) Á. et D.Löve
花期：－－　■分布：北海道～奄美群島

ゼンマイ（薇）　ぜんまい科
Osmunda japonica Thunb.
花期：－－　■分布：北海道～沖縄（久米島）

オニヤブソテツ （鬼藪蘇鉄） おしだ科

Cyrtomium falcatum (L.f.) C.Presl
■花期：－－　■分布：北海道～奄美群島

沿岸地の崖や石垣等に多い。葉は黒々として光沢を帯び南国的。

ウラジロ （裏白） うらじろ科

Diplopterygium glaucum (Houtt.) Nakai
■花期：－－　■分布：関東以西～南西諸島

九州南部に多い。山地斜面に群生、葉の裏が白く、正月飾りに。

コシダ（小羊歯） うらじろ科
icranopteris linearis (Burm.f.) Underw.
■花期：－－　■分布：福島県以南の本州～沖縄

「茶碗むしの歌」の一節にある「めご」は本種で編んだ食器籠。

ホシダ（穂羊歯） ひめしだ科
Thelypteris acuminata (Houtt.) C.V.Morton
■花期：－－　■分布：本州中部～沖縄

葉身頂部が急に幅狭くなり細長い。これを槍の穂先に見立てた。

ミゾシダ（溝羊歯）　ひめしだ科

Thelypteris pozoi (Lag.) C.V.Morton subsp. mollissima (Fisch. ex Kunze) C.V.Morton
■花期：ーー　■分布：日本全土

　湿った林道脇等に多く全体に軟毛が密生、胞子嚢は長楕円形。

タマシダ（玉羊歯）　つるきじのお科

Nephrolepis cordifolia (L.) C.Presl
■花期：ーー　■分布：伊豆半島〜沖縄

　根の途中に3cmほどの球体、これが貯水タンクの役目を果たす。

ホラシノブ（洞忍） ほんぐうしだ科
Odontosoria chinensis (L.) J.Sm.
■花期：－－　■分布：東北南部～沖縄

畑の石垣や裏山の土手など。小裂片の頭がつぶれた扇のよう。

タチシノブ（立忍） ほうらいしだ科
Onychium japonicum (Thunb.) Kunze
■花期：－－　■分布：関東～沖縄

ホラシノブと似るが、葉が細かく裂け、先端が尖るのが特徴。常緑。

ノキシノブ（軒忍）　うらぼし科
Lepisorus thunbergianus (Kaulf.) Ching
■花期：－－　■分布：北海道南部以南

人家の軒先等に生えるシダの意味。樹木の幹等によく着生する。

マメヅタ（豆蔦）　うらぼし科
Lemmaphyllum microphyllum C.Presl
■花期：－－　■分布：東北南部以西～九州

光沢を帯びた肉厚の丸い葉が特徴。山地の岩や木の幹などに這う。

シダ類

シカグマ（いしかぐま）　こばのいしかぐま科
icrolepia strigosa (Thunb.) C.Presl
花期：－－　■分布：千葉県南部～琉球

暖地の人里では石垣等にごく普通。葉は薄く、葉身は黄緑色。

イノモトソウ（井口辺草）　いのもとそう科
teris multifida Poir.
花期：－－　■分布：東北中部以西～九州

人家周辺の石垣等に多い。葉は栄養葉と細作りの胞子葉がある。

ハチジョウカグマ （八丈かぐま） ししがしら科

Woodwardia prolifera Hook. et Arn.

■花期：－－　■分布：本州南部～沖縄

　鹿児島県には多く、山地のやや湿った崖や道路脇の急斜面等に先かしなって垂れ、よく群生する２ｍ超の大形のシダ。新しい葉は紅色を帯びるのも本種の特徴。葉の表側に小さな葉のような沢山の無性芽（＝落下して散布され、定着すると新たな個体に成長する）をつけるのが大きな特徴で、長い進化の過程で繁殖をより確実にしようと獲得したものであろう。**タイワンコモチシダ**の別名もある。

付録

芹→セリ
薺→ナズナ
御形→ハハコグサ

春の七草

　春の七草は、「芹　薺　御形　繁縷　仏の座　菘　清白　これぞ七草」と詠まれている7種。正月で「過重労働」気味のお腹を優しくいたわり、自然の恵みに感謝しながらおかゆを頂くというゆかしい「七草がゆ」の習慣は先人達の知恵。「ごぎょう」はハハコグサ、「ほとけのざ」はコオニタビラコ、「すずな」はカブ、「すずしろ」は大根を指す。

付録

繁縷→ハコベ　　仏の座→コオニタビラコ

菘→カブ　　清白→ダイコン

秋の七草

　秋の七草は、文字通り秋の野や庭園を彩る草花たち。日本的な風情や情緒を醸す草花が山上憶良によって万葉集に詠まれている。
　萩の花　尾花・葛花・撫子の花　女郎花また　藤袴・朝貌の花
　ハギ、ススキ、クズ、ナデシコ、オミナエシ、フジバカマ、キキョウ。ハギは今で言うミヤギノハギやヤマハギを、撫子はカワラナデシコを、朝貌はキキョウを指す。フジバカマは鹿児島県に自生しない。

付録

撫子(なでしこ)→カワラナデシコ

女郎花(おみなえし)→オミナエシ

藤袴(ふじばかま)→フジバカマ

朝貌(あさがお)→キキョウ

万両→マンリョウ

一両〜万両

　冬に真っ赤な実をつけるセンリョウやマンリョウは、昔から正月を飾る縁起物として馴染みが深い。濃い緑の葉に真っ赤な実が華いだ彩りを添え、千両、万両の名も金運招来の縁起を担ぐ。さらに百両、十両、一両と続くと、どこか江戸の下町情緒に繋がってくる。百両はカラタチバナ、十両はヤブコウジ、一両はアリドオシをさす。いずれも赤い実、アリドオシは鋭い棘がありこの中で唯一のあかね科。

付録

千両→センリョウ　　　百両→カラタチバナ

十両→ヤブコウジ　　　一両→アリドオシ

お花はともだち

2番まで

① 葉っぱにさわってごらん
　　　ざらざら　ごわごわ　つるつる
　葉っぱにさわってごらん
　　　こっちは　ふわふわ　べたべた

　葉っぱにさわってみたら
　　　いたーい　先生　トゲがささったよ

　お花を　くんくん　いいにおい
　　　バナナのようないいにおい
　お花を　くんくん　いいにおい
　　　みかんのようないいにおい

　もいちど　くんくん　いいにおい
　　　葉っぱもくんくん　いいにおい
　♪いいにおい　♪いいにおい

② 先頭へ　繰り返し

②へ

② 最後へ

植物採集と標本の作り方

1 採集用具
★たったこれだけあればいい!

はさみと根堀

標本はゴミ出し用の大型ポリ袋へ

2 採集
★最終のイメージ(標本のできあがり)を描いて採集する。
★台紙いっぱいの堂々とした標本を!
★花や実のついたものを!

花や実は植物の顔。顔がないと、区別できません。

3 はさむ
★大きなものはN字形に折って。
★土は落として。

大きな実や落ちそうな実はビニール袋に入れて

4 おす・乾燥させる
★必要なのは重しと新聞紙、それに、1週間の根気だけ!
★吸湿用新聞紙を毎日取り替える。

吸湿用の新聞紙

標本をはさんだ新聞紙

5 はる
★粘着テープに針・糸・はさみ。
★ぐらつかず、見た目にもきれいに。
★乾燥不足はダメ!

糸の縫いつけ方

テープの貼り方

OK　ダメ!
　　 すきまあり

①から②へ糸を通し、上で結んで台紙に縫いつける。→③

6 できあがり!
★ラベルに記入で完成!

和名索引

【ア】
アオオニタビラコ……………… 24, 25
アオノクマタケラン…………… 86, 87
アオモジ………………………… 276
アカカタバミ……………………… 54
アカバナユウゲショウ………… 114
アカミタンポポ………………… 26, 27
アカメガシワ…………………… 279
アキグミ………………………… 282
アキノエノコログサ…………… 104
アキノタムラソウ……………… 168
アキノノゲシ…………………… 206, 207
アキノワスレグサ……………… 144, 145
アキメヒシバ…………………… 98, 99
アケビ…………………………… 223-225
アコウ…………………………… 306
アシタバ…………………………… 65
アセビ…………………………… 281
アフリカヒゲシバ……………… 101
アマクサギ……………………… 302, 303
アマチャヅル…………………… 240
アミガリソウ…………………… 196
アメリカイヌホオズキ………… 176, 177
アメリカカズノコヒエ………… 96, 97
アメリカセンダングサ………… 44, 45
アメリカタカサブロウ…………… 50
アメリカデイゴ………………… 292
アメリカネナシカズラ………… 229
アメリカハマグルマ…………… 230, 231
アメリカフウロ………………… 178, 179
アラカシ………………………… 299
アラゲハンゴンソウ…………… 120
アレチハナガサ………………… 134

【イ】
イガトキンソウ………………… 52, 53
イシカグマ……………………… 319
イタチガヤ……………………… 94, 95
イタチハギ……………………… 295
イタドリ………………………… 248
イタリーマンテマ………………… 48
イヌガラシ……………………… 42, 43
イヌクグ………………………… 153
イヌタデ…………………………… 60
イヌビエ………………………… 198
イヌビユ………………………… 126, 127
イヌビワ………………………… 285
イヌホオズキ…………………… 176, 177
イノモトソウ…………………… 319
イロハカエデ…………………… 296
イロハモミジ…………………… 296
イワニガナ……………………… 263
インチンナズナ…………………… 52

【ウ】
ウシハコベ……………………… 10, 11
ウスベニチチコグサ…………… 132, 133
ウスベニニガナ………………… 186
ウツギ…………………………… 271
ウバユリ………………………… 115
ウマノアシガタ…………………… 73
ウラジロ………………………… 314
ウリクサ………………………… 16

【エ】
エノキ…………………………… 301
エノコログサ…………………… 102

エビヅル……………………………… 256

【オ】
オオアラセイトウ…………………………41
オオアレチノギク……………… 30, 31
オオイタビ…………………… 246, 247
オオイヌノフグリ………………… 14, 15
オオオナモミ………………… 188, 189
オオキンケイギク……………… 120, 121
オオツメクサ……………………… 62, 63
オオニワゼキショウ…………… 106, 107
オオバグミ………………………………… 283
オオバコ……………………………………23
オオバタネツケバナ………………………80
オオバナコマツヨイグサ…… 108, 109
オオハマボウ……………………………… 290
オオマツヨイグサ……… 110, 111, 112
オガルカヤ………………………………… 204
オシロイバナ……………… 114, 122, 123
オッタチカタバミ………………… 54, 55
オトギリソウ……………………………… 156
オトコエシ…………………… 162, 163
オニタビラコ………………………………24
オニドコロ…………………… 250, 251, 252
オニノゲシ………………………… 32, 33
オニヤブソテツ…………………………… 314
オニヤブマオ………………………………84
オニユリ…………………………………… 116
オヒシバ…………………………………… 100
オミナエシ…………………… 162, 324, 325
オランダガラシ……………………………79
オランダミミナグサ………………………14

【カ】
カイコウズ…………………… 292, 293
カエデドコロ………………… 250, 251, 252
カキドオシ………………………………… 261

ガジュマル…………………… 306, 30
カスマグサ…………………… 216, 21
カタバミ………………………………………5
カナムグラ……………………………… 26
カニクサ………………………………… 26
ガマズミ………………………………… 30
カモガヤ………………………………… 35
カヤツリグサ………………… 151, 152
カラクサナズナ…………………………52
カラスウリ…………………… 238, 239
カラスノエンドウ……………………… 216
カラムシ…………………………………84

【キ】
キカラスウリ……………………………… 239
キキョウソウ…………………………… 128
ギシギシ……………………… 124, 125
キダチニンドウ………………………… 222
キヅタ…………………………………… 260
キツネノヒマゴ……………………………78
キツネノボタン…………………… 76, 77
キツネノマゴ………………………………78
キツネノメマゴ……………………………78
キヌガサギク…………………………… 120
キバナツメクサ……………………………39
キブシ…………………………………… 277
キュウリグサ……………………… 81, 82
キランソウ……………………………………9
キレハノブドウ……………… 256, 257
キンポウゲ…………………………………75
キンミズヒキ………………… 194, 195

【ク】
クグ……………………………………… 153
クグガヤツリ…………………………… 154
クサイチゴ…………………… 272, 273
クサギ…………………………………… 302

フズ	244, 324
フスノキ	274
フマタケラン	86, 88
フルマバザクロソウ	59
クレソン	79
クワクサ	196
グンバイヒルガオ	226, 227

【ケ】

ケキツネノボタン	76, 77
ゲットウ	86
ケナシノジスミレ	19
ゲンノショウコ	178, 254

【コ】

コアカソ	83
コウベギク	208
コウボウシバ	90
コウボウムギ	90
コオニタビラコ	12, 24, 25, 322, 323
コオニユリ	116, 117
コガクウツギ	270
コケオトギリ	156, 157
コゴメガヤツリ	152
コシタ	315
コスズメガヤ	36, 37
コミレ	20
コセンダングサ	44
コツブキンエノコロ	102, 103
コナスビ	174, 175
コニシキソウ	138, 139
コハコベ	10
コバノタツナミ	89
コマツヨイグサ	108, 109
コミカンソウ	70, 71
コメツブウマゴヤシ	39
コメツブツメクサ	39
コメヒシバ	98, 99

【サ】

サイヨウシャジン	166
サギゴケ	16, 17
ザクロソウ	58, 59
サザンカ	310, 311
サツマシロギク	210
サツマノギク	211, 212
サネカズラ	265
サフランモドキ	73
サルトリイバラ	232, 233
サンゴシトウ	292, 293
サンダイガサ	194

【シ】

ジシバリ	263
シナガワハギ	198, 199
シババギ	242, 243
シマカンギク	212
シマスズメノヒエ	96, 97
シマニシキソウ	140, 141
シャガ	74
ショウロウクサギ	302, 303
ショカツサイ	41
シラヤマセンキュウ	66
シロツメクサ	39, 148
シロノセンダングサ	46
シロバナサクラタデ	60, 61
シロバナタンポポ	26
シロバナノアザミ	57
シロバナマンテマ	47, 48, 49
シロバナヒメアザミ	137
シンテッポウユリ	118, 119

【ス】

スイカズラ	222

スイバ	124	**【チ】**	
スギナ	312	チガヤ	94, 16
スズガヤ	182	チチコグサ	130, 13
スズメノエンドウ	216	チチコグサモドキ	13
スズメノカタビラ	36	チャガヤツリ	151, 15
スズメノテッポウ	94, 95		
スズメノヤリ	105	**【ツ】**	
スベリヒユ	126	ツクシスミレ	2
スミレ	18, 20-22	ツタ	246, 26(
		ツボクサ	26
【セ】		ツメクサ	62
セイタカアワダチソウ	160	ツユクサ	200, 201
セイヨウタンポポ	26, 27	ツルウメモドキ	259
セリ	12, 322	ツルグミ	283
センダン	288	ツルソバ	248, 249
センニンソウ	234, 235	ツルナ	263
ゼンマイ	312, 313	ツルボ	194
		ツルマメ	236, 237
【ソ】		ツワブキ	34, 214, 215
ソクシンラン	38		
ソクズ	172, 173	**【テ】**	
ソメイコシノ	268, 269	テイカカズラ	246
		テリハツルウメモドキ	259
【タ】		テリハノイバラ	221
タイワンコモチシダ	320		
タカサゴユリ	118	**【ト】**	
タカサブロウ	50, 51	トウコマツナギ	295
タガラシ	76	トウネズミモチ	289
タケニグサ	147	トウバナ	174
タチアワユキセンダングサ	46	トキワカンゾウ	144
タチシノブ	317	トキワツユクサ	202
タチスズメノヒエ	96	トキワハゼ	16, 17
タチツボスミレ	22	トゲソバ	245
タネツケバナ	80	トベラ	298
タマガヤツリ	155		
タマシダ	316	**【ナ】**	
ダンチク	170, 171	ナガエコミカンソウ	71

| ガバモミジイチゴ……………… 272
| ズナ…………………… 12, 13, 322
| ツツジ………………… 218, 219
| ルトサワギク……………… 208
| ワシロイチゴ………………… 220
| ワシログミ…………………… 282
| ンキンハゼ…………………… 298
| ンバンギセル………………… 165
| ンバンキブシ………………… 277

【ニ】
ニオウヤブマオ……………… 84, 85
ニガカシュウ………………… 252, 253
ニシキソウ…………………… 138
ニッケイ……………………… 275
ニワゼキショウ……………… 106
ニワホコリ…………………… 36, 37

【ヌ】
ヌスビトハギ………………… 192
ヌルデ………………………… 286, 287

【ネ】
ネコノシタ…………………… 230, 231
ネコハギ……………………… 242, 243
ネジバナ……………………… 72
ネズミモチ…………………… 289
ネムノキ……………………… 291

【ノ】
ノアサガオ…………………… 227
ノアザミ……………………… 57, 75
ノイバラ……………………… 221
ノキシノブ…………………… 318
ノゲシ………………………… 32
ノササゲ……………………… 242
ノジギク……………………… 212, 213

ノジスミレ…………………… 19
ノダケ………………… 40, 166, 167, 168
ノハカタカラクサ…………… 202
ノハラツメクサ……………… 62, 63
ノビル………………………… 158
ノブドウ……………………… 256, 257

【ハ】
ハイニシキソウ……………… 140
ハイメドハギ………………… 149
ハキダメギク………………… 190
ハクサンボク………………… 304, 305
ハコベ………………… 10, 12, 323
ハスノハカズラ……………… 246, 247
ハゼノキ……………………… 286
ハゼラン……………………… 188
ハチジョウカグマ…………… 320
ハナイバナ…………………… 82
ハナウド……………………… 64, 66
ハナミョウガ………………… 143
ハハコグサ…………………… 12, 130, 322
ハマウド……………………… 65
ハマエノコロ………………… 102, 103
ハマオモト…………………… 146
ハマカンギク………………… 212
ハマグルマ…………………… 230, 231
ハマゴウ……………………… 230
ハマサルトリイバラ………… 232
ハマスゲ……………………… 150
ハマニンドウ………………… 222
ハマヒサカキ………………… 308
ハマヒルガオ………………… 227, 228
ハマボウ……………………… 290
ハマボウフウ………………… 92
ハマボッス…………………… 176
ハルジオン…………………… 28, 29
ハルノノゲシ………………… 32

ハルリンドウ……………………………68

【ヒ】
ヒカゲノカズラ………………… 266, 267
ヒガンバナ ………………………… 161
ヒサカキ …………………………… 308
ヒナキキョウソウ……………… 128, 129
ヒナタイノコヅチ ………………… 178
ビナンカズラ ……………………… 265
ヒノキバヤドリギ ………………… 309
ヒメオトギリ …………………… 156, 157
ヒメクグ …………………………… 154
ヒメコバンソウ …………………… 182
ヒメジョオン ……………………… 28, 29
ヒメツルソバ …………………… 248, 249
ヒメドコロ ………………………… 252
ヒメハマナデシコ……………… 184, 185
ヒメバライチゴ ………………… 272, 273
ヒメヒオウギズイセン …………… 136
ヒメムカシヨモギ ………………… 30
ヒルザキツキミソウ …………… 112, 113
ヒンジガヤツリ …………………… 155
ビンボウカズラ …………………… 240

【フ】
フウトウカズラ …………………… 262
フキ ………………………………… 34
フデリンドウ ……………………… 68, 69
フユイチゴ ………………………… 258

【ヘ】
ヘクソカズラ …………………… 240, 241
ベニバナボロギク……………… 186, 187
ヘビイチゴ ………………………… 264
ペンペングサ ……………………… 13

【ホ】
ホウロクイチゴ …………………… 25
ホシダ ……………………………… 31
ホソバイヌビワ …………………… 28
ホソバリンドウ …………………… 68, 6
ホソバワダン ……………………… 9
ボタンヅル ………………………… 23
ボタンボウフウ …………………… 9
ホトケノザ ……………………… 8, 12, 2
ホトトギス ………………………… 16
ホナガイヌビユ ………………… 126, 12
ホラシノブ ………………………… 31
ホルトノキ ………………………… 28

【マ】
マサキ ……………………………… 300
マツバゼリ ………………………… 40
マツヨイグサ ……………………… 110
マテバシイ ………………………… 299
ママコノシリヌグイ ……………… 245
マムシグサ ………………………… 67
マメグンバイナズナ ……………… 13
マメヅタ …………………………… 318
マルバウツギ ……………………… 271
マルバグミ ………………………… 283
マルバツユクサ …………………… 200
マルバデイゴ ……………………… 292
マルバドコロ …………………… 252, 253
マルバハギ ………………………… 294
マンテマ ………………………… 47, 48

【ミ】
ミズスギ ………………………… 266, 267
ミズヒキ …………………………… 193
ミゾシダ …………………………… 316
ミゾソバ ………………………… 158, 159
ミソナオシ ………………………… 192

ミチバタガラシ	43
ミツバアケビ	225
ミドリハコベ	10, 11
ミヤコグサ	182, 183
ミヤマキリシマ	280

【ム】

ムクノキ	301
ムシトリナデシコ	184
ムベ	224
ムラサキイセハナビ	180
ムラサキカタバミ	56
ムラサキケマン	137
ムラサキハナナ	41

【メ】

メイゲツソウ	248
メガルカヤ	204, 205
メキシコマンネングサ	180
メドハギ	149
メヒシバ	98, 100
メマツヨイグサ	112
メリケンカルカヤ	206
メリケントキンソウ	52, 53
メリケンムグラ	202, 203

【モ】

モトタカサブロウ	50
モミジバヒルガオ	229

【ヤ】

ヤエムグラ	225
ヤクシソウ	208, 209
ヤツデ	297
ヤドリギ	309
ヤナギバスズメノヒゲ	180
ヤナギハナガサ	134, 135
ヤナギバルイラソウ	180, 181
ヤハズエンドウ	216, 217
ヤハズソウ	39, 170
ヤブガラシ	240
ヤブカンゾウ	144
ヤブジラミ	172
ヤブツバキ	310
ヤブニッケイ	275
ヤブヘビイチゴ	264
ヤブマオ	84, 85
ヤブマメ	236
ヤブミョウガ	142
ヤマウルシ	286, 287
ヤマザクラ	268, 269
ヤマジノギク	212
ヤマツツジ	281
ヤマノイモ	250
ヤマハギ	294, 324
ヤマフジ	218
ヤマモモ	284
ヤマヤナギ	278

【ユ】

ユウゲショウ	114
ユキヤブケマン	137

【ヨ】

ヨウシュヤマゴボウ	122
ヨメナ	214
ヨモギ	190, 191

【ワ】

ワダン	95
ワラビ	312, 313
ワレモコウ	168, 169

著者プロフィール

大工園　認（だいくぞの　みとむ）

1944年（昭和19）鹿児島県枕崎市に生まれる。
1967年（昭和42）鹿児島大学卒業後中学校教諭として赴任。
　途中、県立博物館や教育事務所等の勤務を挟み、科学館建設や黎明館建設準備等にも携わる。南種子中学校長や国分市教委、緑丘中学校校長等を経て、
2005年（平成17）谷山中学校校長を最後に定年退職、以来鹿児島情報高校に勤務。
2014年（平成26）南日本新聞に「かごしま路傍三百」を連載。
2015年（平成27）同じく「続・かごしま路傍三百」を連載。
現在　鹿児島情報高校教諭
　　　　鹿児島植物同好会会員

〈著書〉
「霧島の花ごよみ」（1994　南日本新聞社）
「野の花めぐり」全4巻（2003　南方新社）
「植物観察図鑑」（2015　南方新社）

野の花ガイド　路傍300

発行日──2016年4月20日　第1刷発行

著　者──大工園　認
発行者──向原祥隆
発行所──株式会社 南方新社
　　　　〒892-0873 鹿児島市下田町292-1
　　　　電　　話 099-248-5455
　　　　振替口座 02070-3-27929
　　　　URL http://www.nanpou.com/
　　　　e-mail info@nanpou.com
装　丁──鈴木巳青

印刷・製本──株式会社モリモト印刷
　　　　　　乱丁・落丁はお取り替えします
　　　　　　©Daikuzono Mitomu 2016, Printed in Japan
　　　　　　ISBN978-4-86124-338-7　C0645

知られざる植物の知恵

植物観察図鑑
植物の多様性戦略をめぐって

大工園 認著　Ａ５判　274頁　オールカラー　定価(本体3,500円＋税)

多くの植物で見られる神秘的な現象、「雄性期・雌性期」とは──。

雄しべ・雌しべの出現時期や活性期がずれる雌雄異熟の現象を追究した異色の観察図鑑。自家受粉を避け、多様な遺伝子を取り込むべく展開される雄しべと雌しべのしたたかなドラマ。雄性期・雌性期の実相を明らかにし、花の新しい常識を今拓く。

■本書の掲載種
アキカラマツ、マンセンカラマツ、イチリンソウ、ニリンソウ、キキョウソウ、ノノコユリ、ヒメユリ、ミゾカクシ、ツルギキョウ、ウメバチソウ、シラヒゲソウ、コミカンソウ、ヤツデ、イボタクサギ、リンドウ、サツマイナモリ、ホタルブクロ、クスノキ、クサギなど73科、241種

ご注文は、お近くの書店か直接南方新社まで（送料無料）
書店にご注文の際は必ず「地方小出版流通センター扱い」とご指定ください。